|就业技能培训教材|

茶艺师基本技能

（第2版）

主　　编　林素彬
副 主 编　林清兰
参　　编　李达娜　廖敏娟　吴小玲　李瑞章
主　　审　陈开梅

中国劳动社会保障出版社

图书在版编目（**CIP**）数据

茶艺师基本技能 / 林素彬主编. --2 版. --北京：中国劳动社会保障出版社，2025. --（就业技能培训教材）. -- ISBN 978-7-5167-6886-0

I. TS971.21

中国国家版本馆 CIP 数据核字第 2025S2W154 号

中国劳动社会保障出版社出版发行
（北京市惠新东街 1 号　邮政编码：100029）

*

北京昌联印刷有限公司印刷装订　　新华书店经销
880 毫米 × 1230 毫米　32 开本　7.125 印张　166 千字
2025 年 4 月第 2 版　　2025 年 4 月第 1 次印刷
定价：18.00 元

营销中心电话：400-606-6496
出版社网址：https://www.class.com.cn

版权专有　　侵权必究

如有印装差错，请与本社联系调换：（010）81211666
我社将与版权执法机关配合，大力打击盗印、销售和使用盗版图书活动，敬请广大读者协助举报，经查实将给予举报者奖励。
举报电话：（010）64954652

前　言

就业技能培训是终身职业技能培训体系的重要组成部分。就业技能培训系列教材是为适应开展就业技能培训的需要，提升就业技能培训的针对性和有效性，促进就业技能培训规范化、高质量发展而组织开发的。本套教材以相应职业（工种）的国家职业标准和岗位要求为依据，力求体现以下特点：

全。教材覆盖各类就业技能培训，涉及职业素质类，农业技能类，生产、运输业技能类，服务业技能类，其他技能类五大类。

精。教材中只讲述必要的知识和技能，强调实用和够用，将最有效的就业技能传授给受培训者。

易。内容通俗易懂，图文并茂，易于学习。

教材编写是一项探索性工作，由于时间紧迫，不足之处在所难免，欢迎各使用单位及读者提出宝贵意见和建议，以便教材修订时补充更正。

内 容 简 介

本书首先对茶叶基本知识进行简要介绍，加强学员对茶叶基本知识的认知，在此基础上，对茶叶冲泡常用器具的使用，六大茶类冲泡技艺，花茶、花草茶及袋泡茶冲泡技艺，茶饮调配及煮茶，点茶技艺，科学饮茶等内容进行介绍。

本书在编写过程中根据多年的教学经验，从茶艺师岗位的基本要求出发，针对不同层次人员及职业技能短期培训学员的特点，进一步精简理论知识，突出技能操作，强化技能的实用性。采用图文结合的方式，一步一步地介绍各项操作技能，便于学员学习、理解和对照操作。

全书语言通俗易懂，易教易学，内容紧密贴合工作实际，便于学员掌握茶艺师的基础知识和基本技能，达到上岗要求，顺利实现就业。

目 录

第1单元　茶叶基础知识 ·· 1

　　模块1　各大茶类简介 ··· 1

　　模块2　饮茶历史及饮茶习俗 ································· 15

　　模块3　茶叶鉴别与保存方法 ································· 19

第2单元　茶艺基础知识 ·· 23

　　模块1　茶艺师岗位职责 ··· 23

　　模块2　茶艺接待服务流程 ····································· 24

　　模块3　茶艺师服务礼仪 ··· 28

　　模块4　品茗环境及用水选择 ································· 46

　　模块5　常用器具及使用方法 ································· 51

第3单元　六大茶类冲泡技艺 ···································· 91

　　模块1　乌龙茶冲泡技艺 ··· 91

　　模块2　绿茶冲泡技艺 ··· 101

　　模块3　红茶冲泡技艺 ··· 106

　　模块4　白茶冲泡技艺 ··· 116

· I

模块5　黄茶冲泡技艺 ……………………………………………… 122

　　模块6　黑茶冲泡技艺 ……………………………………………… 127

第4单元　花茶、花草茶及袋泡茶冲泡技艺 …………………………… 137

　　模块1　花茶冲泡技艺 ……………………………………………… 137

　　模块2　花草茶冲泡技艺 …………………………………………… 142

　　模块3　袋泡茶冲泡技艺 …………………………………………… 145

第5单元　茶饮调配及煮茶 ……………………………………………… 153

　　模块1　茶饮料及其分类 …………………………………………… 153

　　模块2　茶饮调配器具与食材 ……………………………………… 156

　　模块3　茶饮调配原则与方法 ……………………………………… 173

　　模块4　新中式茶饮 ………………………………………………… 189

第6单元　点茶技艺 ……………………………………………………… 203

第7单元　科学饮茶 ……………………………………………………… 211

培训建议 …………………………………………………………………… 217

第 1 单元 茶叶基础知识

我国是世界上最早发现和利用茶叶的国家，至今已有 4 000 多年的历史。茶如今已成为风靡世界的三大无酒精饮料（茶、咖啡、可可）之一。茶的品种、种类众多，冲泡、品饮的方式也不尽相同。

模块 1　各大茶类简介

茶叶分为基本茶类和再加工茶类。基本茶类有六大类，即绿茶、红茶、乌龙茶、白茶、黄茶和黑茶；再加工茶类有花茶、紧压茶、萃取茶、果味茶、药用保健含茶饮料等。

一、绿茶（不发酵茶）

1. 品质特征

绿茶的品质特征为：清汤绿叶，香气类似炒豆香或板栗香，滋味鲜醇。富含叶绿素、维生素 C，具有较强的收敛性。茶性较寒凉，适合夏季饮用。

2. 制作工序

制作工序为：杀青—揉捻—干燥。

（1）杀青。杀青也称炒青，主要目的是通过高温破坏和钝化鲜叶中的氧化酶活性，抑制鲜叶中的茶多酚等的酶促氧化，蒸发鲜叶部分水分，使茶叶变软，便于揉捻成形，并使芳香物质转化，形成茶香，同时通过湿热作用破坏部分叶绿素，使叶片黄绿。

（2）揉捻。茶叶初制的塑形工序，通过揉捻使茶条卷紧，缩小体积，同时，适当破坏叶组织，促进茶叶内部组分发生转变，使冲泡出的茶汤更加浓厚。

（3）干燥。干燥是茶叶初制加工的最后的一个步骤，主要目的是使茶叶中的水分蒸发，整理条索，改进外形，排出过多水分，防止霉变，便于贮藏。

3. 分类

（1）按外形可分为：扁形、螺旋形、卷曲形、花朵形、雀舌形、针形、片形等。

（2）按杀青方式可分为：炒青绿茶、烘青绿茶、晒青绿茶与蒸青绿茶。

1）炒青。特种炒青绿茶的制茶方法与其他炒青绿茶不同，为了保持叶形的完整，最后常进行烘干工序，如洞庭碧螺春、南京雨花茶、金奖惠明、高桥银峰、安化松针、信阳毛尖、庐山云雾等。

2）烘青。烘青绿茶是用烘笼进行烘干，香气一般不及特种炒青，大部分经再加工精制后作为熏制花茶的茶坯，少数品质特优，特种烘青名茶主要有黄山毛峰、太平猴魁、六安瓜片、南糯白毫等。

3）晒青。晒青绿茶是利用日光进行晒干，主要分布在湖南、湖北、广东、广西、四川、云南、贵州等省。晒青绿茶以云南大叶种做的"滇青"品质最好。

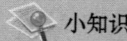 **小知识**

炒青绿茶在干燥过程中受机械或手工作用力的不同而呈现出不同形状，故又分为长炒青（长条形）、圆炒青（圆珠形）、扁炒青（扁平形）等。

4）蒸青。蒸青绿茶以蒸汽杀青，我国蒸青绿茶主要有产于湖北恩施的"恩施玉露"，以及产于浙江、福建和安徽三省的"中国煎茶"。

4. 名品绿茶介绍

（1）西湖龙井，属于炒青绿茶，是我国十大名茶之一，产于龙井、狮峰山、梅家坞、五云山、云栖、虎跑、灵隐等地，以狮峰山所产的品质最佳。西湖龙井分为狮、龙、云、虎、梅五个品类，以"色翠、香郁、味醇、形美"四绝而著称，即色泽鲜绿，香气芬芳浓郁，滋味醇甘，外形扁平、光洁、秀美。

（2）碧螺春，属于炒青绿茶，是我国十大名茶之一，产于江苏省苏州市太湖东洞庭山及西洞庭山。碧螺春茶具有特殊的花香味，其外形条索紧结，卷曲如螺，边缘有一层均匀的细白绒毛。

（3）六安瓜片，是我国十大名茶之一，简称瓜片，又称片茶，产自安徽省六安市。六安瓜片为绿茶特殊茶品，是当地特有品种，经扳片、剔去嫩芽及茶梗，再通过独特的传统加工工艺制成形似瓜子的片形茶叶。

（4）黄山毛峰，烘青名优绿茶，是我国十大名茶之一，产于安徽省黄山市。每年清明谷雨，选摘初展肥壮的嫩芽，经手工炒制而成。该茶外形微卷，状似雀舌，绿中泛黄，银毫显露，且带有金黄色鱼叶。入杯冲泡雾气结顶，汤色清碧微黄，叶底黄绿有活力，滋味醇甘，香气如兰。由于新制茶叶白毫披身，芽尖峰芒，且鲜叶采自黄山高峰，遂取名为黄山毛峰。

（5）恩施玉露，蒸青绿茶，产于湖北省恩施市南部的芭蕉乡及东郊五峰山，是我国保留下来的为数不多的一种蒸青绿茶。恩施玉露曾被称为"玉绿"，因其外形条索紧圆光滑，色泽苍翠绿润，毫白如玉，故改名"玉露"。其白毫显露，形如松针，汤色清澈明亮，香气清鲜爽口，滋味醇爽，叶底嫩绿匀整。

（6）安吉白茶，为浙江名茶的后起之秀。安吉白茶是用绿茶加工工艺制成，属绿茶类，之所以称为白茶，是因为它的加工原料采自一种嫩叶全为白色的茶树，茶叶经冲泡后，其叶底也呈现玉白色，这是安吉白茶特有的性状。安吉白茶（白叶茶）是一种珍稀的变异茶种，在不同季节会呈现不同颜色：春季嫩芽为白色，谷雨前色渐淡至玉白色，谷雨后至夏至前转为白绿相间的花叶，夏至则芽叶恢复为全绿，与一般绿茶无异。

二、红茶（全发酵茶）

1. 品质特征

红茶的品质特征为：红汤红叶，香气包括薯类香、焦糖香、甜香、花香等，滋味醇厚。全发酵，不含叶绿素、维生素C，富含茶黄素、茶红素。性质温和，适合冬天饮用。

2. 制作工序

制作工序为：萎凋—揉捻—发酵—干燥。

> **小知识**
>
> 茶叶发酵不同于酒的发酵，其实质是在茶叶损伤后，茶叶内的多酚类、氨基酸等物质失去控制，与多酚氧化酶充分接触，儿茶素产生氧化、聚合和缩合反应，形成一系列的有色物质，如茶黄素、茶红素，与此同时伴随着其他化学反应，使绿叶变红，形成各茶类特有的色香味品质。
>
> 根据初制加工过程发酵程度的不同，可分为不发酵、轻（微）发酵、半发酵、全发酵。黑茶发酵在初制后进行，称为后发酵茶。

3. 分类

最早出现的中国红茶是福建武夷山一带的小种红茶，后期发展演变产生了工夫红茶。工夫红茶的制法传至印度、斯里兰卡等国，又发展出了红碎茶。我国在1957年以后也逐渐推广红碎茶的生产。红茶可分为小种红茶、工夫红茶和红碎茶三类。

（1）小种红茶。福建省特有的一种红茶，红汤红叶，有松烟香，味似桂圆汤。以产于福建崇安星村乡桐木关的称为正山小种，品质最好，其他地方的小种红茶称烟小种。

（2）工夫红茶。我国传统的出口茶类，主产于安徽、福建、湖北、湖南、江西等10多个省区，远销60多个国家和地区。安徽的"祁红"、云南的"滇红"、福建的"闽红"、湖北的"宜红"、江西的"宁红"、湖南的"湘红"、广东的"粤红"等都是中国工夫红茶的主要品类。

（3）红碎茶。在加工过程中揉切成颗粒形碎片，经发酵干燥而制成的红茶，外形细碎，也称红细茶。红碎茶一次冲泡浸出量大，很适合做袋泡茶原料，加糖加奶饮用，十分可口。我国红碎茶主产于云南、海南、广东、广西等省区。

> **小知识**
>
> 闽红三大工夫：白琳工夫、坦洋工夫、政和工夫。
>
> 世界三大高香红茶：祁门红茶、印度大吉岭红茶、斯里兰卡乌伐茶。

4. 名品红茶介绍

（1）正山小种红茶。世界红茶的鼻祖，又称拉普山小种。茶叶是用松柴片熏制而成，有特殊香味，叶片呈黑色，茶汤深红色，又称"桂圆汤""松烟香"。

（2）金骏眉。武夷山正山小种的一个分支，是我国高端顶级红茶的代表。诞生于2005年，摘于武夷山国家级自然保护区内海拔1 200～1 800 m高山的原生态野茶树，结合正山小种传统工艺，经全程手工制作而成。6万～8万颗芽尖方能制成500 g金骏眉，是红茶中的珍品。其外部色泽黑黄相间，乌黑之中透着金黄，显毫香高。银骏眉，采用一芽一叶制成，铜骏眉（也称小赤甘）采用一芽二、三叶制成。

(3)祁门红茶。我国历史名茶之一,是著名的红茶精品,简称祁红。祁门红茶产于安徽省祁门、东至、贵池、石台、黟县以及江西的浮梁一带。祁红外形条索紧细匀整,锋苗秀丽,色泽乌润;内质清芳并带有蜜糖香味,上品茶更蕴含兰花香(号称"祁门香");汤色红艳明亮,滋味甘鲜醇厚,叶底(泡过的茶渣)红亮。祁红最适清饮,也可添加鲜奶。

(4)云南滇红。我国工夫红茶之一,主产于云南澜沧江沿岸的临沧、保山、思茅、西双版纳、德宏、红河等地。滇红工夫茶属大叶种类型的工夫茶,外形肥硕紧实,叶身金毫显露,香气浓郁,汤色红艳,滋味浓醇,为工夫茶上品。

三、乌龙茶(半发酵茶)

1. 品质特征

乌龙茶也称青茶,是我国的特种茶,主产于福建、广东、台湾等地。乌龙茶外形肥壮、紧结、沉重,内质带天然花果香,滋味醇厚回甘,汤色金黄或橙黄,清澈明亮,绿叶红镶边。

乌龙茶是半发酵茶,含叶绿素、维生素C及少量茶碱、咖啡碱。性质温凉,适合各季饮用。

2. 制作工序

制作工序为:萎凋—做青—杀青—造型—烘干。

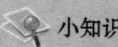
小知识

做青是乌龙茶制作的第二道工序,也是关键的一道工序,是形成乌龙茶天然花果香、滋味醇厚回甘及绿叶红镶边等特色的关键过程。做青即将摇青和凉青相结合,先摇青后凉青,如此反复多次。

3. 分类

乌龙茶按其生态环境、茶树品种、制法和品种特点不同，可分为闽南乌龙茶（如铁观音）、闽北乌龙茶（如大红袍）、广东乌龙茶（如凤凰单丛）、台湾乌龙茶（如冻顶乌龙）。

按其外形不同，可分为条形（凤凰单丛、东方美人、文山包种）、卷曲形（铁观音）、半球形（冻顶乌龙）、球形、块状（漳平水仙）等。

4. 名品乌龙茶介绍

（1）闽南乌龙茶。闽南乌龙茶主产于福建南部安溪、永春、漳州、诏安等地。茶鲜叶经晒青、晾青、做青、杀青、揉捻、毛火、包揉、再干制成，带天然花果香，滋味鲜醇回甘，发酵程度较闽北乌龙茶轻。

闽南乌龙茶代表产品有安溪铁观音、本山、黄金桂（黄旦），漳平水仙，平和白芽奇兰，永春佛手，诏安八仙茶等。安溪有四大当家品种，即铁观音、本山、黄金桂、毛蟹，还有大叶乌龙、梅占、奇兰等多种名茶。安溪周边地区也大量种植和生产铁观音，如南安、永春、漳州华安、三明大田等。近年来，市场上逐渐流行起浓香型的铁观音。

铁观音原产于福建省泉州市安溪县，是我国十大名茶之一，为乌龙茶中的极品。铁观音茶树有"好喝不好栽"的说法，纯种铁观音植株为灌木型，树势披展，枝条斜生，叶片水平状着生，叶形椭圆，叶缘齿疏而钝，叶面呈波浪状隆起，具明显肋骨形，略向背面反卷，叶肉肥厚，叶色浓绿光润，叶基部稍钝，叶尖端稍凹，向左稍歪，略微下垂，嫩芽紫红色，因此有"红芽歪尾桃"之称。铁观音成茶外形紧结重实，色泽砂绿油润，香气呈天然馥郁的兰花香，汤色金黄明亮，滋味醇厚甘鲜，回甘悠久，具有明显的"音韵"。铁观音茶香高而持久，可谓"七泡有余香"。

（2）闽北乌龙茶。闽北乌龙茶做青时发酵程度较重，揉捻时无包揉工序。条索壮结弯曲，干茶色泽较乌润，香气为熟香型，汤色橙黄明亮。闽北乌龙茶产地包括崇安（除武夷山外）、建瓯、建阳、水吉等地，以产自武夷山的岩茶为最佳，如大红袍、水仙、肉桂。武夷岩茶外形条索弯曲，呈鲜明的青褐色，俗称为"宝色"，汤色一般呈深橙黄，内质具有"岩骨花香"。武夷岩茶四大名枞为大红袍、水金龟、白鸡冠、铁罗汉。

闽北水仙茶是闽北乌龙茶中两大花色品种之一，品质别具一格，水仙茶质美而味厚，果奇香为诸茶冠。水仙茶成茶条索壮结沉重，叶端扭曲，色泽绿褐间蜜黄润，香气浓郁，具兰花清香，滋味醇厚鲜爽回甘，汤色清澈橙黄，叶底厚软黄亮，叶缘朱砂红边或红点，即"三红七绿"。

武夷肉桂，亦称玉桂，由于香气滋味与桂皮香相似，所以习惯上称其为"肉桂"。肉桂茶外形条索匀整卷曲，色泽褐禄，油润有光；干茶嗅之有甜香，冲泡后的茶汤具有奶油、花果、桂皮般的香气；入口醇厚回甘，咽后齿颊留香，茶汤橙黄清澈，叶底匀亮，呈淡绿底红镶边，冲泡六七次仍有"岩韵"的肉桂香。

大红袍，闽北乌龙茶的代表，"岩韵"极显，滋味醇厚回甘。现存的大红袍母树有6株，在武夷山景区已得到特殊保护。

（3）广东乌龙茶。广东乌龙茶主产于潮安、饶平、丰顺、蕉岭、平远、揭东、揭西、普宁、澄海、大浦、东莞等地，主要产品有凤凰水仙、凤凰单丛、岭头单丛、饶平色种、石古坪乌龙、大叶奇兰、兴宁奇兰等，以潮安的凤凰单丛和饶平的岭头单丛最为著名。广东乌龙茶具有天然的花香，条索卷曲紧结而肥壮，色泽灰褐油润、黄褐油润或色泽砂绿油光，汤色黄艳带绿，滋味鲜爽浓郁甘醇，叶底绿叶红镶边，耐冲泡。凤凰水仙根据原料、制作工艺和品质的不同，可以分为单丛、浪菜和水仙三个品级。

凤凰单丛以香高、味浓、耐泡著称,具有独特的"山韵蜜味",汤色清澈似茶油,味浓香醇,而且有自然花香,如黄枝香、芝兰香、肉桂香、杏仁香、蜜兰香等。

 小知识

水仙品种适制乌龙茶,但因水仙产地不同,命名也有不同。

(1)闽北产区用福建水仙种,按闽北乌龙茶采制技术制成条形乌龙茶,称为闽北水仙。闽北所种的水仙种,约在光绪年间传入,其成茶称水仙或闽北水仙。

(2)闽南永春产地用福建水仙种,按闽南乌龙茶采制技术制成闽南水仙。

(3)广东饶平、潮安用原产于潮安凤凰的凤凰水仙种制成条形乌龙茶,称为凤凰水仙。凤凰水仙种是有性群体品种之一,选用优良单株栽培、采制者,又称凤凰单丛。

(4)台湾乌龙茶。台湾乌龙茶具有天然熟果香,芬芳宜人。台湾的乌龙茶主要有台湾包种茶和台湾红乌龙两种。

台湾包种茶是乌龙茶中发酵程度最轻的茶,主要代表有条形的文山包种和半球形的冻顶乌龙。冻顶乌龙清中带甜,品质优异,上选品外观色泽墨绿鲜艳,并带有青蛙皮般的灰白点,条索紧结弯曲,干茶具有强烈的芳香;冲泡后,汤色略呈橙黄色,有明显清香,近似桂花香,汤味醇厚甘润,喉韵回甘强;叶底边缘有红边,叶中部呈淡绿色。

台湾红乌龙是乌龙茶类中发酵程度最重的茶,也是与红茶最相近的一种茶。优质的台湾红乌龙茶芽肥壮,白毫显露,茶条较短,含红黄白三色,茶色绚丽,汤色橙红,叶底淡褐有红边,叶片完整,芽叶连枝。台湾红乌龙又名"白毫乌龙",被誉为"香槟乌龙"或"东方美人"。

四、白茶（微发酵茶）

1. 品质特征

白茶芽毫完整，满身披毫，毫香清鲜，汤色黄绿清澈，滋味清淡回甘。白茶性质寒凉，有退热祛暑的作用。

2. 制作工序

制作工序：萎凋—干燥。萎凋是保证白茶品质的关键工序。

白茶基本制作工艺可细分为萎凋、干燥（或阴干）、拣剔、复火等工序。

3. 分类

白茶属轻微发酵茶，是我国茶类中的特殊珍品。白茶主要产区在福鼎、政和、松溪、建阳等地。

（1）按茶树品种、原料（鲜叶）采摘的标准不同，分为芽茶（如白毫银针）和叶茶（如白牡丹、新白茶、贡眉、寿眉）。

（2）按采自茶树品种不同，分为采自大白茶的"大白"，采自水仙茶的"水仙白"，采自菜茶的"小白"。

采摘大白茶肥芽制成的白茶称为"白毫银针"，采摘大白茶或水仙种的短小芽叶新梢的一芽一、二叶制成的白茶称为"白牡丹"，采摘菜茶（福建茶区对一般灌木茶树之别称）短小芽片和大白茶叶片制成的白茶，称为"贡茶"和"眉茶"，贡茶的品质优于眉茶。

4. 名品白茶介绍

（1）白毫银针。简称银针，又叫白毫，素有"茶中美女""茶王"之美称。由于鲜叶原料全部是茶芽，白毫银针制成成品茶后，形状似针，白毫密披，色白如银，因此命名为白毫银针。干茶外表密披白色茸毛，汤色杏黄，味清鲜爽口、甘醇，香气含蓄。

白毫银针因产地和茶树品种不同，又分为北路银针和南路银针两个品目。北路银针产于福建福鼎，茶树品种为福鼎大白茶（又名福鼎白毫）。其外形优美，芽头壮实，毫毛厚密、富有光泽，汤色碧清、呈杏黄色，香气清淡，滋味醇和。南路银针产于福建政和，茶树品种为政和大白茶。其外形粗壮，芽长，毫毛略薄，光泽不如北路银针，但香气清鲜，滋味浓厚。

（2）白牡丹。白牡丹因其绿叶夹银白色毫心，形似花朵，冲泡后绿叶托着嫩芽，宛如蓓蕾初放，故得此美名。

五、黄茶（微发酵茶）

1. 品质特征

黄茶芽叶细嫩，显毫，黄叶黄汤，香气清纯，滋味甜爽、鲜醇。黄茶的基本制作工艺近似绿茶，属凉性，茶性也接近绿茶。

黄茶的黄色是制茶过程中进行闷堆渥黄的结果。黄茶的基本制作工艺近似绿茶，但在制茶过程中加以闷黄，因此具有黄汤黄叶的特点。黄茶有的揉前堆积闷黄，有的揉后堆积或久摊闷黄，有的初烘后堆积闷黄，有的再烘时闷黄。

2. 制作工序

制作工序为：杀青—揉捻—闷黄—干燥。关键工序是闷黄。

黄茶制作工艺可精细划分为杀青、摊晾、初烘、复摊晾、初包、复烘、再摊放、再包、干燥、分级十道工序。

3. 分类

黄茶按原料芽叶的嫩度和大小可分为黄芽茶、黄小茶和黄大茶三类。由于品种不同，在原料选择、加工工艺上有相当大的区别。

（1）黄芽茶原料细嫩，采摘单芽或一芽一叶加工而成，主要包括湖南岳阳洞庭湖君山的君山银针，四川雅安的蒙顶黄芽和安徽霍山的霍山黄芽。

（2）黄小茶采摘细嫩芽叶加工而成，主要包括湖南岳阳的北港毛尖，湖南宁乡的沩山毛尖，湖北远安的远安鹿苑和浙江温州、平阳一带的平阳黄汤。

（3）黄大茶采摘一芽二、三叶甚至一芽四、五叶加工而成，主要包括安徽霍山的霍山黄大茶和广东韶关、肇庆、湛江等地的广东大叶青。

4. 名品黄茶介绍

（1）君山银针。我国著名的黄茶品种，原产于湖南岳阳洞庭湖中的君山，始于唐代，清代纳入贡茶。君山银针于清明前三四天开采，以春茶首轮嫩芽制作，且须选肥壮、多毫、长 25~30 mm 的嫩芽，经拣选后，以大小匀齐的壮芽制作银针。加工后的君山银针外表披毛，色泽金黄光亮，香气清高，味醇甘爽，汤色橙黄，芽壮多毫，条直匀齐，着淡黄色茸毫。

（2）蒙顶黄芽。产于四川雅安蒙顶茶场。外形微扁而直，芽整齐肥壮，汤色黄明，甜熟香，滋味甘醇，叶底显芽，色泽嫩黄。

（3）霍山黄芽。产于安徽霍山。外形细嫩多毫，形似雀舌，色泽黄绿，汤色嫩黄，甜熟香，滋味醇和，叶底嫩黄。

六、黑茶（后发酵茶）

1. 品质特征

黑茶呈黑褐色，汤色橙黄或褐色明亮，具陈香，滋味醇厚回甘。性质温和，偏凉，耐泡耐煮。

2. 制作工序

制作工序：杀青—揉捻—渥堆—干燥。这是大部分黑茶的一般制作工序，关键工序为渥堆。具体到每种黑茶，制作工序会有所不同。

3. 分类

黑茶根据产区的不同和工艺上的差别，可以分为湖南黑茶、湖北老青茶、四川边茶、滇桂黑茶（云南普洱茶、广西六堡茶）等。

4. 名品黑茶介绍

（1）湖南黑茶。主要集中在安化生产，此外，益阳、桃江、宁乡、汉寿、沅江等县也生产一定数量。湖南黑茶是采摘下来的鲜叶，经过杀青、初揉、渥堆、复揉、干燥等工序制作而成。湖南黑茶条索卷折成泥鳅状，色泽油黑，汤色橙黄，叶底黄褐，香味醇厚，具有松烟香。黑毛茶经蒸压装篓后称天尖，蒸压成砖形的是黑砖、花砖或茯砖等。

（2）湖北老青茶。产于蒲圻、咸宁、通山、崇阳、通城等县，采割的茶叶较粗老，含有较多的茶梗，经杀青、揉捻、初晒、复炒、复揉、渥堆、晒干等工序制成。以老青茶为原料，蒸压成砖形的成品称老青砖，主销内蒙古自治区。

（3）四川边茶。分南路边茶和西路边茶两类。四川雅安、天全、荥经等地生产的南路边茶，压制成紧压茶——康砖、金尖后，主销西藏，也销往青海和四川甘孜藏族自治州。四川灌县、崇庆、大邑等地生产的西路边茶，蒸压后装入篾包制成方包茶或圆包茶，主销四川阿坝藏族羌族自治州及青海、甘肃、新疆等省（区）。南路边茶制法是用割刀采割来的枝叶杀青后，经过多次的渥堆、蒸馏后晒干。西路边茶制法简单，将采割来的枝叶直接晒干即可。

（4）云南黑茶。滇晒青毛茶经洒水、渥堆、发酵后干燥而制成，统称普洱茶。这种普洱茶条索肥壮，汤色橙黄，香味醇浓，带有特殊的陈香，可直接饮用。以这种普洱茶为原料，可蒸压成不同形状的紧压茶，如饼茶、紧茶、圆茶（即七子饼茶）。

（5）广西黑茶。最著名的是六堡茶，因产于广西省苍梧县六堡镇而得名，已有二百多年的历史。除苍梧外，现在贺县、横县、岑溪、玉林、昭平、临桂、兴安等地也有一定数量的生产。六堡茶制作工艺流程包括杀青、揉捻、渥堆、复揉、干燥，制成毛茶后再加工时仍需潮水渥堆，蒸压装篓，堆放陈化，使六堡茶汤最终形成红、浓、醇、陈的特点。

七、再加工茶类

再加工茶类包括花茶、紧压茶、萃取茶、果味茶、药用保健含茶饮料等。下面重点介绍几款再加工茶类。

1. 茉莉花茶

茉莉花茶是将茶叶和茉莉鲜花进行拼和、窨制，使茶叶吸收花香而制成，茶香与茉莉花香融合交互。茉莉花茶使用的茶叶（称为茶坯）多数为绿茶，少数为红茶和乌龙茶。

茉莉花茶可根据形状的不同进行分类，如珍珠状的有产自福建的龙团珠茉莉花茶，针状的有银针茉莉花茶。

优质的茉莉花茶，条索紧细匀整、色泽黑褐油润，冲泡后香气鲜灵持久、汤色黄绿明亮、叶底嫩匀柔软，滋味醇厚鲜爽。

2. 工艺花茶

工艺花茶又称艺术茶、特种工艺茶，是指以茶叶和可食用花卉为原料，经整形、捆扎等工艺制成外观造型各异，冲泡时可在水中开放出不同造型的花茶。根据产品冲泡时的动态艺术感，工艺花茶可分为以下三类。

（1）绽放型工艺花茶，冲泡时茶中内饰花卉缓慢绽放的工艺花茶。

（2）跃动型工艺花茶，冲泡时茶中内饰花卉有明显跃动升起的工艺花茶。

（3）飘絮型工艺花茶，冲泡时有细小花絮从茶中飘起再缓慢下落的工艺花茶。

3. 花草茶

花草茶源自欧洲，特指那些不含茶叶成分的花草类饮品，所以花草茶其实不含茶叶的成分。花草茶是将植物的根、茎、叶、花或皮等部分加以煎煮或冲泡，产生芳香味道的草本饮料。

> **小知识**
>
> 花草茶口感清爽或清甜，部分具有美容护肤、美体瘦身、保健养生等功用（如清肝、明目、降火、养颜等）。

4. 袋泡茶

袋泡茶是在原有茶类的基础上，经过拼配、粉碎，用滤纸包装而成。袋泡茶冲泡方便，茶叶能充分接触开水，使茶叶风味充分、快速地渗透到水中，从而冲泡出浓香的热茶。

5. 紧压茶

紧压茶是以黑毛茶、老青茶等为原料，经过渥堆、蒸、压等典型工序加工而成的砖状或其他形状的茶叶。加工成砖状或块状，是为了防止茶叶在运输途中变质，一般紧压茶都是用红茶或黑茶制作而成。紧压茶的多数品种比较粗老，干茶色泽黑褐，汤色澄黄或澄红，在少数民族地区非常流行。紧压茶有防潮性能好、便于运输和储存、茶味醇厚等特点（具体可参考黑茶）。

模块2　饮茶历史及饮茶习俗

一、我国饮茶历史

中国饮茶的历史最早，陆羽《茶经》云："茶之为饮，发乎神农氏，闻于鲁周公。"早在神农时期，茶及其药用价值已被发现，并由药用逐渐演变成日常生活饮用。我国不同时期饮茶的目的与方式见表1-1。

表 1-1　　我国不同时期饮茶的目的与方式

时期	目的	方式	茶叶	备注
春秋前	药用	生嚼、煎服	鲜叶	解毒
	食用	以茶当菜，煮作羹饮	鲜叶	增加营养，食物解毒
秦汉	饮用	加上葱、姜和橘子调味	饼状茶团（晒干或烘干）	解毒药品，待客食品
隋唐	饮用（论茶专著，陆羽《茶经》出现）	使用专门烹茶器具，加调味品烹煮汤饮（为改善茶叶苦涩味，开始加入薄荷、盐、红枣等）	饼茶、贡茶出现	对茶叶、水质、烹煮方式、饮茶环境越来越讲究，逐渐形成茶道
宋朝	饮用	碾碎后以煎煮为主，工序逐渐简化	团茶、饼茶向散茶发展，出现蒸青散茶	逐渐重视茶叶原有的色、香、味，调味品逐渐减少
明清	饮用	逐渐向以冲泡为主发展	制茶工艺革新，以散茶为主	茶俗发展的重要时期
现当代	饮用	品茶方法日臻完善，品饮方式也随茶类、风俗而变化	六大茶类齐全	两广喜好红茶，福建多饮乌龙茶，江浙好绿茶，北方人喜花茶或绿茶，边疆少数民族多用黑茶、茶砖等

二、我国各民族饮茶习俗

中国饮茶的历史最早，所以最懂得饮茶真趣。客来敬茶、以茶代酒、用茶示礼，历来是我国各民族的饮茶之道。"千里不同风，百里不同俗"，我国是一个多民族的国家，由于地理环境、历史文化以及生活风俗存在差异，每个民族的饮茶风俗也各不相同，即使是同一民族，在不同地域，饮茶习俗也各具特色。不过在把饮茶看作是健康的生活方式、纯洁的化身、友谊的桥梁、团结的纽带的认识上又是共同的。不同民族的代表性饮茶习俗见表1–2。

表1–2　　　　　　　　不同民族的代表性饮茶习俗

民族	饮茶名称	饮茶习俗
汉族	大碗茶	一种是煎茶，即把茶叶投入开水直接煎熬；另一种是用大碗盛有煮好的茶，盖上玻璃片，口渴即饮
蒙古族	咸奶茶	当宾客将手平伸，在杯口上盖一下，意为不再喝茶
回族	罐罐茶	罐子里面放些冰糖、红枣、枸杞、桂圆和茶，然后放在火炉上烤，边烤火、边聊天、边喝茶
藏族	酥油茶	想喝时倒上一碗，不想多喝时就停下，随取随饮
维吾尔族	香茶	当着客人的面冲洗杯，以示清洁，双手奉茶
苗族	八宝油茶	将玉米（煮后晾干）、黄豆、花生米、团散（一种米面薄饼）、豆腐干丁、粉条等分别用茶油炸好，分装一碗待用
侗族、瑶族等	打油茶	亦称"吃豆茶"，用油炸糯米花、炒花生或浸泡的黄豆、玉米、炒米和新茶配制而成
白族	三道茶	以独特的"头苦、二甜、三回味"的茶道待客交友，寓意"先苦后甜"，是白族人民逢年过节、宾客来访时必不可少的礼仪之一
土家族	擂茶	由土家五谷杂粮，即大米、生姜、芝麻、大豆、花生、玉米等辅以茶叶为原料在特制的擂钵中擂制而成，具有营养丰富、健康养身和健胃养颜等诸多功效，普遍流行于客家人聚居地
哈尼族	土锅茶	先用土锅（或瓦壶）烧水，在沸水中加入大量茶叶，待锅中茶水再次煮沸3 min后，将茶水倾倒入竹制的茶盅内，逐个敬奉给客人
哈萨克族等	奶茶	先将砖茶打碎成小块状，盛半锅或半壶水加热至沸腾，抓一把碎砖茶入内煮沸；加入牛（羊）奶，用量约为茶汤的1/5；再投入适量盐，重新煮沸5~6 min即成。一日早、中、晚喝三次

续表

民族	饮茶名称	饮茶习俗
傣族	竹筒茶	先将晒干的春茶放入刚砍回的香竹筒内,放在火塘的三脚架上烘烤,边装、边烤、边舂,直至竹筒内茶叶填满舂紧为止。待茶烤干后,剖开竹筒叶,掰少量茶叶放入碗中,冲入沸水约 5 min 即可饮用。此茶既有竹子的清香,又有茶叶的芳香,十分可口
傈僳族	油盐茶	茶汤制作过程中,加入了食用油和盐,喝起来香馥馥、油滋滋、咸兮兮,茶香浓醇
佤族	苦茶	通过铁板烤和茶壶煮制而成,喝起来焦中带香,苦中带涩,故谓之苦茶
拉祜族	烤茶	将一芽五、六叶的新梢采下后直接在明火上烘烤至焦黄,再放入茶罐中煮饮
纳西族	龙虎斗	小陶罐中放入适量茶,连罐带茶一起烘烤,为避免茶叶烤焦,要不断地转动陶罐,使茶叶受热均匀。加水煮后,将茶汤冲入装有白酒的茶盅,会发出"啪啪"的响声。声音越响,在场的人就越高兴,是吉祥的象征
景颇族、德昂族等	腌茶	鲜叶洗净,沥去附着在表面的水,先用竹篾将鲜叶摊晾,使其失去少许水分,而后稍加搓揉,再加上适量辣椒、食盐拌匀,放入罐或竹筒内,用木棒层层舂紧,再将罐(筒)口盖紧,或用竹叶塞紧,静置 2~3 个月,至茶叶色泽开始转黄,表明已经将茶腌好,可随食随取。腌茶其实是一道茶菜
布朗族	青竹茶	布朗族用新鲜香竹制作茶具,一尺多长的用于煮茶,寸长的用于饮茶。首先将装泉水的长竹筒在火堆旁烧烤至筒内水开后,将茶放入竹筒,5 min 后将茶水倒入竹杯饮用
撒拉族	"三炮台"碗子茶	"三炮台"碗,是指下有底座(碗托)、中有茶碗、上有碗盖的三件套的盖碗,因形如炮台,故称"三炮台"。"三炮台"碗子茶一般是由晒青绿茶加上配料制作而成
布依族	姑娘茶	清明节前,姑娘们上茶山采摘茶树枝上刚冒出来的嫩尖叶,通过热炒,使之保持一定的温度,再把一片片的茶叶叠整成圆锥体,然后拿出去晒干,经过一定的技术处理后,就制成一卷一卷呈圆锥体的"姑娘茶"

模块 3　茶叶鉴别与保存方法

一、茶叶品质鉴别

茶叶品质一般须通过干评外形和湿评内质相结合而进行鉴别。

1. 外形鉴别

（1）嫩度。嫩度是外形鉴别的重点考虑因素，一般嫩度好的茶叶，应符合该茶类的外形要求，即条索紧结、芽毫显露、完整饱满等。

（2）条索。条索是各类茶所具有的外形规格，是区别商品茶种和等级的依据。各种名茶都有一定的外形特点，如炒青条形、珠茶圆形、龙井扁形、红碎茶颗粒形等。一般长条形茶主要鉴别其条索的松紧、弯直、壮瘦、圆扁、轻重，圆形茶主要鉴别其颗粒的松紧、匀正、轻重、空实，扁形茶主要鉴别其条索是否符合规格，以及平整光滑程度等。

（3）色泽。色泽是指茶叶表面的颜色，包括颜色的深浅程度以及光线在茶叶表面的反射情况。各种茶叶均有一定的色泽要求，如红茶乌黑油润、绿茶翠绿、乌龙茶青褐色、黑茶黑油色等。

（4）整碎。整碎是指鉴别茶叶的匀整程度，好的茶叶要保持其自然形态，精制茶要鉴别筛选分档是否匀称，面张是否平伏。

（5）净度。净度是指茶叶中含夹杂物的程度。净度好的茶叶不含任何夹杂物。

2. 内质鉴别

（1）香气。香气是茶叶冲泡后挥发出的气味。由于茶的种类、产地、季节、加工方法不同，茶叶冲泡后会产生不同的香气。如红茶的甜香、绿茶的清香、乌龙茶的果香或花香、高山茶的嫩香、祁门红茶的蜜糖香等。

鉴别香气除辨别香型外,主要比较香气的纯异、高低、长短。香气纯异是指香气与茶叶应有的香气是否一致,是否夹杂其他异味;香气高低可用浓、鲜、清、纯、平、粗来区分;香气长短即香气的持久性,香气高且持久的是好茶,带有烟、焦、酸、馊、霉等气味的是劣质茶。

(2)汤色。汤色是指茶叶中各种色素溶解于沸水中后呈现出来的色泽。由于汤色变化较快,为了准确鉴别色泽,一般要先看汤色或者将嗅香气与看汤色结合进行鉴别。汤色鉴别主要抓住色度、亮度、清浊度三个方面。汤色随茶叶品种、鲜叶老嫩、加工方法的不同而变化,但各类茶均有其一定的色泽要求,如绿茶的黄绿明亮、红茶的红艳明亮、乌龙茶的橙黄明亮、白茶的浅黄明亮等。

(3)滋味。滋味是评茶人的口感反应。评茶时首先要区别滋味是否纯正,一般纯正的滋味可以分为浓淡、强弱、鲜爽、醇和等,不纯正的滋味有苦涩味、青味、异味等。好的茶叶浓而鲜爽,刺激性强,或者富有收敛性。

(4)叶底。叶底是茶叶冲泡后的茶渣,以芽与嫩叶含量的比例和叶质的老嫩度来衡量。芽或嫩叶的含量与鲜叶等级密切相关,一般好茶叶的叶底,嫩叶含量多,质地柔软、色泽明亮、均匀一致,表面明亮、细嫩、厚实、稍卷;品质差的茶叶的叶底则表面暗、粗老、单薄、摊张等。一般焦叶、劣变叶、掺杂叶是不允许存在的。

二、茶叶保存方法

茶叶吸湿及吸味性强,很容易吸附空气中的水分及异味,保存方法稍有不当,就会在短时间内失去风味,而且越是轻发酵、高清香的名贵茶叶,越是难以保存。茶叶在储存一段时间后,香气、滋味、颜色通常会发生变化,新茶香味消失,陈味渐露。常用的茶叶保存方法如下。

1. 塑料袋储存法

选择有封口且为食品级的无异味塑料袋。装茶后袋中空气应尽量挤出，可再用第二个塑料袋反向套上。塑料袋储存法防氧化、遮光、防异味的效果一般。

2. 铝箔袋储存法

茶叶装入铝箔袋后用热封口机密封。茶叶可分袋包装密封后置于冰箱内，分批冲泡，以减少茶叶开封后与空气接触的机会，从而延缓品质劣变的发生。用铝箔袋装茶的遮光效果较好。

3. 罐装储存法

可选用铁罐、不锈钢罐或质地密实的锡罐。以清洁无味的塑料袋装茶后，再放入罐内盖上盖子，以胶带封住盖口。装有茶叶的金属罐应置于阴凉处，不要放在阳光直射、有异味、潮湿、有热源的地方。如果是新买的罐子，应先去除异味。罐的材料致密，因此罐装储存法有很好的防潮、防氧化、遮光、防异味的效果。

4. 石灰储存法

石灰储存法常用于西湖龙井，将成茶包好后放于装有石灰的坛子中，封好坛口即可。这样可以提高坛中二氧化碳的浓度，降低氧气的浓度，防止茶叶被氧化。但石灰储存法操作较烦琐。

5. 低温储存法

将茶叶储存在5 ℃以下的环境，也就是使用冷藏库或冷冻库保存茶叶。茶叶的低温储存以使用专用冷藏（冻）库为最好，如必须与其他食物共同冷藏（冻），则应将茶叶进行妥善包装，完全密封，以免吸附异味。茶叶低温储存时应先用小包（罐）分装，再放入冷藏（冻）库中，每次取出所需冲泡量，不宜将同一包茶反复冷冻、解冻。从冷藏（冻）库内取出茶叶时，应先让茶罐内或茶包中的茶叶温度回升至与室温相近，才可打开茶罐或拆开茶包，以防茶叶表面凝结水气而增加含水量，使未泡的茶叶加速劣变。低温储存法应用较广，常用于铁观音、绿茶的储存。

 小知识

1. 茶叶储存期为6个月以内的，冷藏温度维持在0~5℃最经济；储存期超过半年的，以冷冻（–18~–10℃）为佳。茶叶需要长期储存的，含水量应控制在3%~5%。

2. 焙火及干燥程度与茶叶储存期限有相当重要的关系，一般而言，焙火重、含水量低的茶叶储存时间较长。

第 2 单元 茶艺基础知识

模块 1　茶艺师岗位职责

明确和履行岗位职责是茶艺师从事服务工作的基本前提。茶艺从业人员要具有高尚的职业道德，并掌握相应的服务技能，才能更好地为客人服务。茶艺师应遵守以下岗位要求。

1. 严格遵守各项规章制度，对工作场所的环境卫生、设施设备要做好维护工作。

2. 严格把好操作技艺的质量关，避免烫伤客人等事故的发生。

3. 上班前要穿好工作服、面部整洁，工作期间要保持良好的仪容仪表。

4. 对客人应热情周到，见到领导、同事要打招呼或问候。接待客人时要引领客人入座并热情提供服务，做到"问有答声"，能迅速为客人提供服务。

5. 对营业现场要不间断地进行巡视，随时服务客人；若客人对茶品有疑问，应及时解释，不能解决时应上报部门领导。

6. 工作积极、主动、勤劳、诚实，做好每日岗位相关的工作。

7. 熟悉各种茶品的品名、产地、特征、制作方法及冲泡方法

（如投茶量、泡茶水温、冲泡时间等），协助客人品鉴茶品的质量等。

8. 积极协助其他岗位的工作，若有必要应及时补位。

9. 经常练习自身的技能技巧，若需要参加大型活动，应根据公司安排做好演出、比赛的准备。

10. 定期组织服务人员学习茶叶、茶艺、茶文化等方面的知识并接受技能培训，积极营造茶文化氛围。

11. 熟知客人的姓氏、爱好、消费习惯，及时征询客人意见，提供令客人满意的服务。

12. 负责开拓茶市场、开发新客户，以及产品销售和品牌宣传。

13. 主动征询客人的意见和建议，并及时向部门领导汇报。

> **小知识**
>
> 茶叶门店的茶艺师要按公司的规定，准时上下班，做好打卡工作。若为茶艺师领班，还需要掌握公司概况及店里的设施设备情况，全面主持店里的各项工作，及时解决客人反映的问题，提高服务质量，让客人满意。

模块2　茶艺接待服务流程

一、迎客前准备工作

1. 了解客情

（1）茶艺师要通过自己的能力详尽了解客人的宗教信仰、健康状况、对茶叶的喜好等情况。

（2）茶艺师要充分熟悉和研究茶艺接待服务流程的程序和细节，以保证圆满完成茶艺服务工作。

2. 布置好茶艺服务场所

（1）根据客人的宗教信仰、健康状况、对茶叶的喜好等情况，及时调整桌椅、茶具等的陈列，及时补充茶食品等。同时根据不同的茶艺要求，选择或配置适宜的音乐、服装、插花、熏香等。

（2）对客人忌讳的物品要及时撤换，以示尊重。

（3）在布置完成后，还要进一步检查，如有损坏的物品要及时维修或更换。

二、客人到店的服务

1. 迎客礼仪

（1）热情迎接

1）客人到店后，站姿优雅，面露微笑，主动问候："×先生/女士，早上好/下午好/欢迎光临。"

2）视情况询问客人是否需要帮助。

（2）引领客人

1）在客人左前方或右前方约1 m处引领客人，步速不宜太快，尽量与客人的步速保持一致。途中介绍门店情况，并回答客人的问题，做到"问有答声"。

2）询问客人是否有预约以及到店人数。引领客人到所接待的茶桌或包间，并引导客人入座。

3）如果是包间，要提前打开包间门，请客人先行进入。待客人入座后再询问客人的需求。

（3）介绍茶叶。茶艺师应熟悉各种茶品的品名、产地、特征、制作方法及冲泡方法（如投茶量、泡茶水温、冲泡时间等），向客人介绍名茶，讲解饮茶知识和茶叶保存方法，让客人在品茗期间感受茶文化的博大精深。

（4）其他服务

1）对营业现场不间断地进行巡视，随时服务客人，为客人解释茶品疑问。

2）协助其他茶艺师的工作，若有必要应及时补位。

2. 送客礼仪

（1）客人离店前的准备工作

1）了解客人的账单。

2）主动询问客人离店前是否还有需要办理的事项。

3）主动征询客人的意见或建议，并提醒客人检查自己的物品是否有遗漏。

（2）送别客人

1）礼貌道别。当客人离开时，应向其礼貌道别，如"再见""欢迎再次光临""感谢您的光临"等。

2）电梯服务。当电梯到达楼层时，茶艺师应主动帮忙挡住电梯门侧，请客人进入电梯。

（3）善后工作

1）客人离开后，应迅速进入包厢或到客人所坐位置仔细检查，如有遗留物品，应立即派人追送。来不及送还的，应及时联系客人，并进行登记处理。

2）茶艺师还应检查泡茶设施设备有无损坏或缺少，如果发现损坏或缺少的，应及时报告店长并补全。

3）迅速清洁、整理包厢或茶桌。

茶艺师送客服务注意事项见表2-1。

表 2-1　　　　　　　茶艺师送客服务注意事项

送客服务	注意事项
主动拉椅并致意	能主动为客人，尤其是女士和老人优先拉椅
	能准确称呼客人的姓氏、职务等
提醒客人带齐物品	提醒客人把未饮完的茶品带走或存放在茶馆内
	主动、准确地为客人送上保管的衣物及其他物品
将客人送至门口	送客时走在客人后面
	主动为客人拉门，行鞠躬礼，做出送别手势
	再次称呼客人的姓氏、职务等，并用礼貌用语向客人道别
	必要时询问客人是否需要叫车

茶艺师接待服务流程测评表示例见表 2-2。

表 2-2　　　　　茶艺师接待服务流程测评表示例

服务流程	服务标准	测评结果			
		优	良	合格	不合格
准备工作	所负责区域干净卫生				
	所负责区域的茶桌、茶具配套完善，清洁干净				
	核对预约情况				
	整理好仪容仪表，着装规范				
	选择或配置适宜的音乐、服装、插花、熏香等				
迎客	微笑问候，引领客人				
	走在客人左前方或右前方约 1 m 处				
	引领到所预定的包厢或茶桌前，为客人拉椅，行鞠躬礼				

续表

服务流程	服务标准	测评结果			
		优	良	合格	不合格
推介茶品	为客人推介茶叶,讲解茶点或茶文化相关知识				
	为宾客下单后,复述一遍客人所点的茶品或茶点,包括数量、口味及特殊要求等				
	下单时,站在客人右后方半步处,侧身面对客人,适当弯腰,与客人距离约45 cm				
泡茶	能及时为客人添茶、换茶				
送客	客人买单时,再次核对人数是否相符				
	检查设施设备有无破损				
	询问付账方式				
	用礼貌用语向客人道别				

模块 3　茶艺师服务礼仪

茶艺师在茶艺接待服务过程中,要掌握并正确运用服务语言及服务礼节,提高服务质量,让客人享受品茗的乐趣。

一、仪容仪表

茶艺的六要素是人、茶、水、器、境、艺。要体现茶艺美,必须做到六美荟萃、相得益彰。茶艺师的仪容仪表美在交流和服务中能体现对客人的礼貌和尊重,是形体美和服饰美的有机结合。客人在接受仪表端庄、美好、整洁的茶艺人员接待时,会感觉自己的身份地位得到认可,获得尊重的心理需求也会得到满足。

1. 形体美

形体美主要包括表情、眼神、发型等方面。

（1）表情。茶艺师提供服务时，面部表情要平和放松、面带微笑、热情服务。微笑是一种特殊的"情绪语言"，在服务过程中，一个真诚的微笑往往可以打动人、感染人，是令客人感到满意、愉快的最好催化剂，可以起到"无声胜有声"的作用。

（2）眼神。茶艺师目光注视的位置一般在以对方双眼为底线、唇部为顶角的倒三角形区域内，连续注视客人的时间以 1～2s 为宜。在奉茶时，应以真诚的目光向客人表达敬意，这种眼神可以使客人感到舒服，有利于营造平和的品茶氛围。在待客服务过程中，茶艺师不能左顾右盼、挤眉弄眼，更不能用白眼、斜眼看客人。

（3）发型。发型是构成人外在气质美的因素之一。茶艺师要根据年龄、身材、脸型、头型、发质等情况，设计优美、端庄的发型，达到整体和谐美的效果。在工作中，茶艺师的头发应梳洗干净整齐，如果是长发，宜盘发，如果是短发，应避免低头时让头发落下而挡住视线，进而影响操作。注意不要使头发掉落到茶具或操作台上，否则会令客人感到不卫生。

（4）其他注意事项

1）茶艺师在工作前应做好充分的准备。女茶艺师宜化淡妆，切忌浓妆艳抹。

2）茶艺师在对客服务的过程中，客人会始终关注泡茶过程，因此，茶艺师要有一双干净的手，并进行流畅的泡茶动作，这样才能使客人感到赏心悦目。茶艺师的手要保持干净，指甲要及时修剪，不涂有颜色的指甲油。特别要注意在泡茶之前，避免手上留有浓烈的护手霜或化妆品的香味，以免污染茶具，影响茶本身的香气。

3）茶艺师平时须讲究个人卫生。

4）茶艺师切忌在客人面前做一切不雅的小动作，如抠鼻子、掏耳朵等。

2. 服饰美

服饰可以反映出人的性格与审美趣味，同时也会影响生活茶艺的效果。茶艺师的着装原则是得体、和谐。若有统一制服，必须按规定着装，并注意保持整洁干净，把工号牌佩戴在左胸前。

在泡茶过程中，如果服装颜色、样式与茶具及周边环境不协调，容易影响整个品茗环境和气氛，使客人感到不适，所以茶艺师的服饰应与茶具及环境相协调。茶艺师不可佩戴过多的装饰品，服装颜色不可过于鲜艳，袖口不宜过宽或过长，以免沾到茶具或茶水而影响操作，给客人留下不好的印象。

二、仪态要求

茶艺师的仪态一般包括站姿、坐姿、走姿和蹲姿四大类。优美的站、坐、走、蹲姿态可以全面展示茶艺师的动态美以及良好的气质和风度。站如松、坐如钟、行如风，即为茶艺师仪态的基本要求。

1. 站姿

茶艺师的基本功之一就是站立服务。典雅端庄的站姿可以展示茶艺师自身的素质和精神面貌，也代表着企业的整体形象。

（1）站姿的基本要求

1）头正。双目平视前方，嘴唇微闭，下颌微收，面部平和自然。

2）颈直。要有向上拉长自己脖子的感觉。

3）肩平。双肩放松，齐平，微向后、向下压，身体有向上的感觉，呼吸自然。

4）躯挺。躯干挺直，挺胸，立腰。

5）收腹。腹部向内收，有向后腰贴靠的感觉。

6）臂垂。双臂放松，自然下垂于体侧，手指自然弯曲。

7）腿并。双腿绷直，双膝并拢，两脚跟靠紧，两脚尖分开呈"V"字形，角度为15°~30°。

（2）男士基本站姿

1）男士站姿一，如图2-1所示。双手自然垂放于身体两侧，虎口向前，两膝并拢，两腿绷直，脚跟靠紧，脚尖分开约30°，两脚呈"V"字形。

2）男士站姿二，如图2-2所示。双脚张开，距离不超过肩宽，双手在身后交叉，右手在上、左手在下，贴于体后。

3）男士站姿三，如图2-3所示。双脚站姿同站姿一或站姿二，左手单臂背后，右手完成指定动作，如指引方向。

 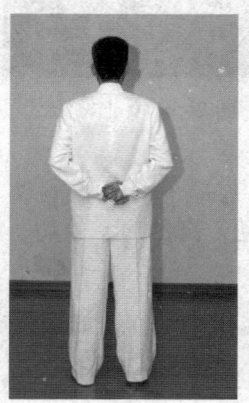 

图2-1　男士站姿一　　　图2-2　男士站姿二　　　图2-3　男士站姿三

（3）女士基本站姿

1）女士站姿一，如图2-4所示。双手自然垂放于身体两侧，虎口向前，两膝并拢，两腿绷直，脚跟靠紧，脚尖分开呈"V"字形。

2）女士站姿二，如图2-5所示。两脚尖略分开，右脚在前，将右脚脚跟靠在左脚脚弓处。双手虎口相交，右手在上，左手在下，轻贴于小腹前。

3）女士站姿三，如图 2-6 所示。双脚脚尖略分开，左手单臂背后，右手完成指定动作，如引领方向。

图 2-4　女士站姿一　　图 2-5　女士站姿二　　图 2-6　女士站姿三

（4）站姿禁忌

1）身体抖动或晃动，高低肩、耸肩、歪脖子、小腹向前挺出、塌腰、翘臀等。

2）将手插入裤袋，做小动作，如摆弄衣角、咬手指甲、抖动双腿等。

3）双臂交叉抱于胸前，双手或单手叉腰。

4）双脚呈外八字或内八字，不自主地抖动。

5）东倒西歪，无精打采，懒散地靠在墙上、桌子上等。

2. 坐姿

就坐，作为一种举止，有着美与丑、优雅与粗俗之分。正确的坐姿要求"坐如钟"，即人的坐姿要像座钟般端直，当然，这里的端直是指上体的端直。茶艺师根据茶事活动内容、形式、场地的不同，有时要采取坐姿为客人沏茶。正确规范的坐姿要求端庄而优美，给人以文雅、稳重、自然大方的美感，同时要展现出茶艺师的内在涵养。

（1）坐姿的基本要求。入座时，讲究左进右出，动作做到轻、稳、缓，背向座位，先将右脚后退半步使腿肚贴在座位边，再轻稳坐下，后将双脚并齐。如果椅子位置不合适而需要挪动时，应先把椅子移至合适位置后再入座，坐在椅子上移动位置是有违社交礼仪的。女士入座时，若着裙装，应先用手背将裙子稍稍拢一下，如果等坐下后再拉拽裙摆，会显得极为不优雅。男士落座前可稍稍将裤腿提起。

入座后，应坐在椅面的2/3位置。神态宜从容自如，嘴唇微闭，下颌微收，双目平视，面容平和自然。双肩平正放松，两臂自然弯曲放在腿上，也可放在椅子或沙发扶手上，以自然得体为宜，掌心向下。

坐在椅子上时，要立腰、挺胸，上体自然挺直。双手自然交叉相握放于腹前，手背向上，四指自然合拢；双手也可呈"八"字形，平放在操作台上。

由于茶桌、茶椅的高低与造型各不相同，必要时可以调整坐姿，做到自然得体。

（2）男士坐姿

1）标准式，如图2-7所示。双腿自然弯曲，小腿垂直于地面，两膝分开约一拳的距离，双脚可取小八字步或稍分开呈45°，两手可分别搭在两腿侧上方。

2）曲直式，如图2-8所示。左（右）脚前伸，右（左）小腿屈回，左（右）脚掌撑地。

3）前交叉式，如图2-9所示。在标准式的基础上，两小腿前伸，两脚在踝关节处相互交叉叠放，脚尖不要翘起，两膝分开约一拳的距离。

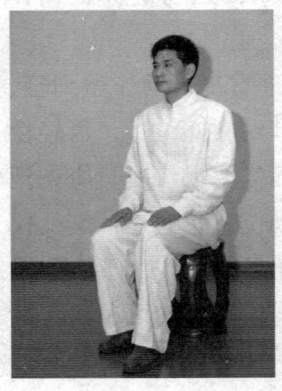 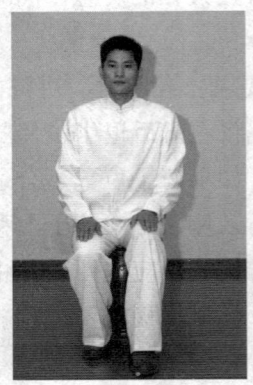 

图 2-7 标准式　　图 2-8 曲直式　　图 2-9 前交叉式

4）重叠式，如图 2-10 所示。左（右）小腿垂直于地面，右（左）腿重叠于其上，并将小腿向里收，脚尖向下。双手放在腿上或椅子扶手上。

5）盘腿式，如图 2-11 所示。一般适合穿长衫的男士或用于表演宗教茶道。先用双手将衣服撩起后再坐下，使衣服后层下端平铺，再用双手将前面下摆稍稍提起整理后放下。

图 2-10 重叠式　　图 2-11 盘腿式

（3）女士坐姿

1）标准式，如图2-12所示。上身挺直，双肩平正，双膝并拢，小腿垂直于地面。双手叠放在双腿中部并靠近小腹，注意身体不要离茶桌太近，以免影响操作。

2）曲直式，如图2-13所示。上身挺直，右（左）脚前伸，左（右）小腿屈回，大腿靠紧，两脚掌撑地，两脚在同一条直线上。

3）侧点式，如图2-14所示。上身挺直，两小腿向左（右）上斜出，左（右）脚脚跟靠拢右（左）脚脚弓，左（右）脚脚掌撑地，右（左）脚脚尖着地。

 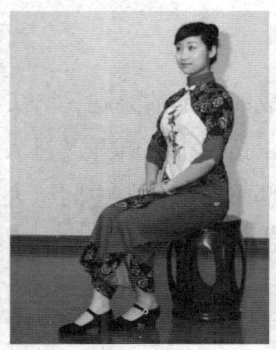 

图2-12　标准式　　　　图2-13　曲直式　　　　图2-14　侧点式

4）侧挂式，如图2-15所示。在侧点式的基础上，右（左）小腿后屈，脚绷直，脚掌内侧着地，左（右）脚提起，用脚面贴住右脚踝，两小腿并拢，上身左（右）转。

5）后点式，如图2-16所示。两小腿后屈，脚尖点地，两膝并拢。

6）重叠式，如图2-17所示。在标准式坐姿的基础上，一条腿提起，两膝相叠，使腿窝落在另一条腿的膝关节上，上面的腿往里收，贴在下侧腿的小腿处，脚尖向下，给人以高贵、大方之感。

 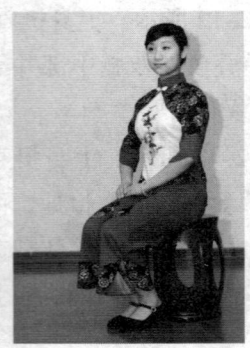 

图 2-15 侧挂式　　图 2-16 后点式　　图 2-17 重叠式

（4）坐姿禁忌

1）两腿叉开，或成四字形的叠腿，脚尖指向他人。

2）前倾后仰，歪歪扭扭，双脚开叉过大、向外长长伸出。

3）将双手放于臀部下方或两腿中间，大腿并拢，小腿分开。

4）腿脚不停抖动或猛坐猛起。

5）将脚架在椅子、沙发或茶几上。

3. 走姿

走姿是站姿的延续动作，可在站姿的基础上展示茶艺师的动态美。茶艺表演在入场和出场、鉴赏佳茗、敬奉香茗等过程中都需要行走，行走往往是最引人注目的身体语言，也最能表现茶艺师的风度和活力。

（1）基本走姿及训练方法。女士基本走姿如图 2-18 所示，男士基本走姿如图 2-19 所示。

1）双肩、双臂摆动训练。身体直立，以身体为中心，双臂前后自然摆动，注意摆动幅度应适度。此训练可纠正双肩过于僵硬、双臂左右摆动的不良走姿。

图 2-18　女士基本走姿　　　图 2-19　男士基本走姿

2）步位、步幅训练。可在地上画一条直线，行走时检查自己的步位和步幅是否正确，此训练可纠正"外八""内八"及步幅过大、过小等不良走姿。

3）顶书训练。将书本置于头顶，行走时保持头正、颈直、目不斜视。此训练纠正摇头晃脑、东张西望的不良走姿。

（2）变向步走姿

1）后退步。奉茶结束时，扭头就走是不礼貌的行为。应先后退一两步，再转身离开。

2）侧行步。当走在前面引领客人或向客人介绍产品时，要走侧行步。在引领客人时，应尽量用右手进行引导，可以走在客人左前方 1m 处，将客人引领到包间或茶桌前。

（3）走姿的注意事项

1）走路时双臂自然摆动，幅度不可太大，前后摆动幅度约 45°，切忌左右摆动。

2）身体应保持挺直，切忌左右摇摆或摇头晃肩。

3）膝盖和脚踝都应轻松自然，切忌走外八字或内八字。

4）走路时不要低头、后仰，更不要扭动臀部。

5）多人一起行走时，不要排成横队或勾肩搭背。

6）有急事要超过前人时，不得跑步，可以大步超过，并转身向被超越者道歉致意。

7）步幅与呼吸应相互配合，穿礼服、裙子或旗袍时步幅要适当，不可跨大步。若身穿长裤步幅可稍大些，以显得生动活泼。

8）行走时，身体重心可以稍向前，这样有利于挺胸、收腹，此时身体重心放在前脚的大脚趾和二脚趾上。理想的行走路线是脚正对前方所形成的直线，脚跟要落在这条直线上。若脚尖向里，后视为"O"形腿；若脚尖过于外撇，则后视为"X"形腿，均不雅观。

9）走路要轻而稳，上体正直，抬头，眼睛平视前方，面带微笑，切忌晃肩摇头、上体左右摇摆，腰和臀部不要落后，两臂自然地前后摆动，肩部放松。

（4）走姿禁忌

1）横冲直撞。在客人较多时，茶艺师在服务过程中若乱冲乱闯，甚至碰撞到他人的身体，是极其失礼的行为。

2）抢道先行。茶艺师在通过路窄之处时务必要遵循"先来后到"、对客人"礼让三分"的原则，不可抢道先行。

3）蹦蹦跳跳。茶艺师在服务过程中不要表现出上蹿下跳的失态情况，要时刻注意保持自己的形象和风度。

4）制造噪声。茶艺师在走路时要轻手轻脚，脚步落地时不要过分用力而发出"咚咚"的响声；特别是在安静的场合不要穿带有金属鞋跟或金属鞋掌的鞋子；所穿鞋子一定要合脚，否则行走时会发出"吧嗒吧嗒"的响声。

5）步态不雅。茶艺师在服务时如果走"八字步"或"鸭子步"、步履蹒跚、腿脚伸不直、脚尖先着地等，会给客人一种老态龙钟、有气无力的感觉,有时还会给人以嚣张放肆、矫揉造作之感。

4. 蹲姿

在茶艺服务过程中,需要取低处物品或拾起落在地上的物品时,应该采取优雅的下蹲姿势。如果直接弯下腰翘起臀部,是极不雅观的蹲姿。

(1)蹲姿的基本要求

1)高低式蹲姿,如图2-20、图2-21所示。下蹲时右脚在前,左脚在后。右脚着地,小腿垂直于地面,左脚脚跟提起,前脚掌着地。左膝低于右膝,内侧贴靠在右小腿的内侧,臀部向下,以左脚支撑身体,形成右高左低的姿势。也可采用左右相反的姿势。

2)交叉式蹲姿,如图2-22所示。这种蹲姿一般不适合男士。下蹲时右脚在前,左脚在后,右腿在上,左腿在下,两腿交叉重叠。左膝由后下方伸向右侧,左脚脚跟抬起,前脚掌着地。双腿前后靠紧,合理支撑身体,上身稍向前倾,臀部向下。也可采用左右相反的姿势。

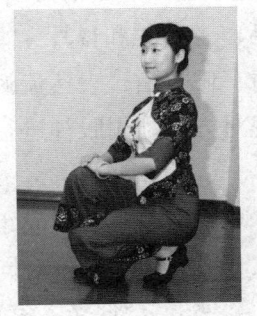 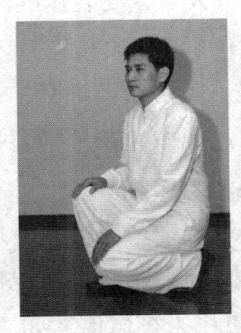 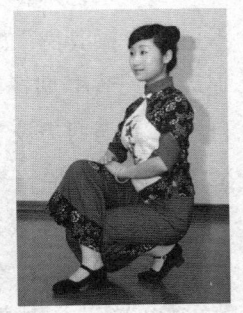

图2-20 女士高低式蹲姿　　图2-21 男士高低式蹲姿　　图2-22 交叉式蹲姿

（2）蹲姿禁忌

1）下蹲时毫无掩饰，尤其是着裙装的女士。

2）在他人身边下蹲时，正面或背对着他人。

3）离人过近，造成碰撞或妨碍他人。

4）突然蹲下或以蹲姿休息。

三、服务语言

茶室是现代文明社会中高雅的社交场所，它要求茶艺人员在交往中讲究语言艺术，做到谈吐文雅、语调轻柔、语气亲切、态度诚恳。

1. 语言规范

语言规范是语言美的最基本要求，体现着茶艺师素质和修养水平的高低。在对客服务的过程中，茶艺师的口语表达尤为重要，这就要求茶艺师必须做到语言规范、语调亲切、音量适中、言辞简洁清晰，体现主动、热情、周到、谦虚的态度。恰当地使用基本礼貌用语，如"您好""请""谢谢""对不起""再见"等。

2. 语言艺术

（1）茶艺师作为服务人员，要表达准确、吐字清晰、用语得当。不可"含糊其辞"，也不可"夸大其辞"。说话声音要柔和悦耳、娓娓动听，节奏抑扬顿挫，风格诙谐幽默，表情真诚自信，表达流畅自然。在与对方交流的过程中，茶艺师要平视对方，利用眼神进行交流，以增强语言交流的效果。

（2）在对客服务的过程中，应恰当使用称呼用语。对一般成年男子称"先生"，对未婚或不明婚姻情况的女子称"女士"，对同辈可称"您"，对尊长可用人称敬语，如"您""您老""您老人家"等。在比较正式的场合，也可用老师、医生等职业称谓，或主任、经理等职务、职称称谓。

（3）茶艺师在服务过程中，应根据不同的对象，运用不同的服务敬语。如待客"五声"是指客人到来时有问候声，落座后有招呼声，得到协助和表扬时有致谢声，麻烦客人或工作中出现失误时有致歉声，客人离开时有道别声。"敬语"包含尊敬语、谦恭语和郑重语。

（4）杜绝"四语"，即不尊重客人的蔑视语、缺乏耐心的烦躁语、不文明的口头语、自以为是或刁难客人的斗气语，如"喂""不行""不知道"等。

（5）感谢客人时，应使用感谢语，如"谢谢""感谢您的提醒"等。道谢时，应注视对方，面带微笑，目光诚恳。

（6）客人离开时，应使用道别语，如"再见""欢迎再次光临""感谢您的光临"等。

> **小知识**
>
> **茶艺师用语规范**
>
> 1. 礼貌用语
>
> 礼貌用语包括"您好""请""欢迎光临""对不起""没关系""谢谢""请稍等"等。
>
> 2. 道别用语
>
> 道别用语要礼貌客气、热情提醒、真诚祝愿。如"感谢您的光临""欢迎下次再来""再见"等。
>
> 3. 收找款用语
>
> 收找款用语要唱收唱付、交待清楚。如"先生（女士），收您××元，找您××元，请您核对好""请您收好"等。
>
> 4. 禁忌语
>
> 切勿用"哎""喂"等称呼喊叫客人，禁止背后议论客人或对客人指指点点，更不能以貌取人，伤害客人自尊心。

四、服务接待

1. 茶艺师服务接待过程中应全力展示人之美，做到仪表端庄、表情丰富、举止大方、语言文明等，具体可参见茶艺师的岗位要求。

2. 上班要注意"三轻"，即说话轻、走路轻、操作轻，做到温文尔雅、谦逊谨慎。

3. 上班时间不可随意吃东西、吸烟，更不能食用、饮用营业用的茶点、饮料等。

4. 客人到来时，应面带微笑，主动打招呼，使用"欢迎光临""您好"等礼貌用语。

5. 与客人交流时，要保持1 m左右的距离，注意使用礼貌用语，做到"请"字当头，"谢"不离口。

6. 对客人的提问应给予妥当的答复，遇到不知道的事情，应先请示领导或查阅资料，不能脱口而出"不知道"。当一时无法满足客人提出的要求时，应对客人讲明原因，并表示歉意。

7. 听取客人的意见时，要做出相应的反应，点头微笑，使用适当的应答语，如"好的""明白了""谢谢您的建议"等。

8. 服务不周或打扰客人时，要使用道歉语，如"对不起""打扰了""请您原谅"等。致歉时一定要发自内心，抱有诚意，语调和缓，目光真诚，及时表达歉意。

9. 如与客人产生争议时，应向客人婉转解释或请示上级，严禁与客人争吵。

10. 在服务过程中，使用赞美语可以营造一种热情友好、积极肯定的交往氛围。但赞美别人时一定要真心诚意，并注意场合与客人的身份。

11. 在服务过程中，茶艺师要能熟练掌握常用的礼节，如寓意礼、鞠躬礼、伸掌礼、叩手礼、握手礼、注目礼和点头礼等。

五、服务礼节

1. 寓意礼

在长期的茶事活动中,形成了一些带有特殊寓意的礼节,这就是"寓意礼"。

(1)壶嘴不能对准客人。否则有暗喻不欢迎客人之意,敏感客人会当场离开。

(2)斟茶限七分。俗话说"茶满欺客",斟茶只倒七分满,暗寓"七分茶三分情",而且也便于客人握杯啜饮。

(3)茶巾折口不能对准客人,以表示尊敬。

(4)三只杯子不能摆成一条直线,因为这样摆放有祭祀之意。

(5)凤凰三点头。右手提水壶高冲低斟反复三次,寓意为向来宾鞠躬三次以示欢迎。

(6)双手内旋。在进行注水、斟茶、温杯、烫壶等操作时,需要双手回旋,右手按逆时针方向、左手按顺时针方向动作,类似于招呼手势,寓意"来、来、来"表示欢迎,反之则变成暗示挥手"去、去、去"之意。

2. 鞠躬礼

鞠躬礼是中国传统的礼仪动作,可分为站式、坐式和跪式三种;根据鞠躬时弯腰的程度,可分为真礼、行礼、草礼三种。"真礼"用于主客之间,"行礼"用于客人之间,"草礼"用于说话前后。

在茶艺服务过程中,站式鞠躬礼最常用。其动作要领是:右手在上,左手在下,双手虎口交握于小腹前,上半身平直向前倾斜,动作应轻松、自然、柔和。根据场合不同,倾斜角度也有所区别,一般15°~30°即可,倾斜到位后略作停顿,停顿时间一般为1~2 s,再缓缓直起上身,面带微笑,直起速度应与倾斜速度保持一致。

> 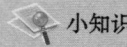 **小知识**
>
> 鞠躬时应弯腰、低头，避开对方视线，向其表示恭敬和没有敌意，是向人致意、表示尊敬、致谢、致歉等的常用礼节。

3. 伸掌礼

伸掌礼是茶艺服务过程中使用最多的礼仪动作，表示"请""谢谢"，主客双方均可采用。其动作要领是：男士四指并拢，虎口稍分开，拇指向外与食指呈45°，手心向上；女士中指略向上翘起，其余三指平行，拇指向内与食指呈45°，手掌略向内凹，掌心向上，要有包裹一个小气团的感觉。

4. 叩手礼

长辈或上级给晚辈或下级斟茶时，晚辈和下级用两个手指作跪拜状叩击桌面两三下以示敬意。晚辈或下级给长辈或上级斟茶时，长辈或上级只需要单指叩桌面两三下表示感谢。有些地方，同辈之间敬茶或斟茶时，单指叩击表示感谢，双指叩击表示我和我先生（太太）感谢，三指叩击则表示全家人的感谢。

5. 握手礼

握手强调"五到"，即身到、笑到、手到、眼到、问候到。握手时双方的上身应微微向前倾斜，面带微笑，同时伸出右手与对方的右手相握。眼睛要平视对方的眼睛，同时寒暄问候。握手时，伸手的先后顺序是：贵宾先、长者先、主人先、女士先。

6. 注目礼和点头礼

注目礼即茶艺师的眼睛庄重而专注地看着对方。点头礼即点头致意。这两个礼节一般在茶艺师向客人敬茶或奉上物品时联合应用。

> 小知识

茶艺师服务礼仪规范测评

一、测试内容

茶艺师服务礼仪规范。

二、测试准备

1. 场地准备：茶艺馆或茶室。

2. 物品准备：泡茶桌椅等。

三、考核表

项目	操作要求	配分	得分
头发 （5分）	男士：后不盖领，侧不盖耳 女士：后不过肩，前不盖眼	3	
	干净整齐，发色自然，发型美观	2	
面部 （10分）	男士：不留胡须及长鬓角 女士：化淡妆	5	
	面带微笑，表情自然大方	5	
手及指甲 （5分）	干净	3	
	指甲修剪整齐，不涂有色指甲油	2	
服装 （5分）	工作服整齐干净，无破损、无丢扣，熨烫挺括	5	
首饰工牌 （5分）	不佩戴过于醒目的饰物，工牌佩戴正确	5	
鞋袜 （5分）	穿符合岗位要求的黑色皮鞋，男士穿深色袜子、女士穿浅色袜子	3	
	鞋子干净，擦拭光亮。袜子干净、无褶皱、无破损	2	

续表

项目	操作要求	配分	得分
姿势动作 （40分）	站姿规范：手位、脚位正确，整体挺拔优雅	8	
	坐姿规范：上身挺直，手部、脚部摆放位置恰当	8	
	走姿规范：双臂摆动自然，步幅合适，姿态协调优美	8	
	蹲姿规范：上身直立，腿部姿势正确，自然协调	8	
	手势规范：手臂自然伸出，手指并拢，指向正确	8	
服务用语 （15分）	迎接客人的礼貌用语	5	
	为客人服务过程中的规范用语	5	
	送别客人的礼貌用语	5	
总体印象 （10分）	礼貌得体，大方优雅，动作协调，自然流畅	10	
合计		100	

模块4 品茗环境及用水选择

一、品茗环境要求

自古以来，品茶人就十分讲究品茗环境。早期喝茶的地方称作"围"，也就是在住家客厅的一角，以屏风围起来，再加以适当的摆设。随着生活条件的改善，人们可腾出一间专门喝茶的房间来，称为"泡茶间"；可装修几间房子作为品茗休闲用的公共场所，称为"茶艺馆"；甚至，可建一幢幽雅的房子作为品茗休闲、洽谈事务的场地，称为"茶楼"。

人说"酒逢知己千杯少"，饮酒必得热闹与狂欢。而饮茶则不然，欲得其真味，须得静品。所以品茗要求环境干净整洁、幽静典雅、宽敞明亮，如挂上名人字画、摆上一盆花，以增加古雅典朴的气息；同时，还可以播放古筝曲等慢节奏纯音乐，以增加品茗情趣，营造一种清雅、和谐、谦让、友好的茶文化氛围，让品茶人享受冲泡过程中每一个细节的韵味，享受天然健康的饮料，体会轻松惬意的生活。

二、用水选择

水之于茶，有"水为茶之母"之说。饮茶人十分讲究泡茶用水，明代张大复在《梅花草堂笔谈》中写道："茶性必发于水，八分之茶，遇十分之水，茶亦十分矣；八分之水，试十分之茶，茶只八分耳。"

水可分为天然水（泉水、河水、井水、江湖水、天落水等）和人工处理水（自来水、纯净水、太空水等）。研究结果发现，泡茶用水以泉水、纯净水为好，自来水、江湖水、井水最差。不同的水质对茶汤的香气、滋味影响很大，所以水质的好坏直接影响茶水的质量，其中两个重要影响因素是水的硬度和pH值。硬度大的水，水质较差，不适合饮用。用硬水泡茶，茶汤发暗、滋味发涩。水的硬度还会影响水的pH值，进而影响茶汤的色泽。当pH值小于5时，对红茶茶汤的颜色影响较小；如果pH值超过5，茶汤的色泽就会相应地加深；当茶汤pH值达到7时，茶黄素可能会因发生氧化而损失，茶红素氧化会使汤色发暗，以致使茶汤失去鲜爽度。泡茶用天然软水效果最佳。

水温高低也会直接影响茶汤的滋味。唐代陆羽《茶经》云："其沸如鱼目，微有声，为一沸；缘边如涌泉连珠，为二沸；腾波鼓浪为三沸。"二沸水煎茶最好，水嫩水老均不取。水过老，不但泡茶风味不佳，而且其中含有的较多亚硝酸盐也会损害人体健康。

三、不同水质对茶汤品质的影响

1. 碱性水

茶的有效成分茶多酚在酸性水中较稳定，在碱性水中则很容易被氧化，黄绿色的茶汤会很快变成铁锈色。

2. 硬水

硬水中有较多的钙、镁离子和矿物质，会导致茶叶中有效成分的溶解度降低，故硬水冲泡的茶味道较淡，无法盖过硬水本身的苦涩味。以硬水泡茶易使茶叶中的某些化学成分发生氧化和缩合，导致茶汤变色，失去鲜爽味道。硬水中的铁离子浓度如果大于0.05%，铁离子与茶多酚结合后，茶汤即变为黑褐色，并且上浮一层油花，又称"锈油"，茶汤口感苦涩，无法饮用。

3. 软水

软水中含有的其他溶质少，茶叶中有效成分的溶解度高，冲泡出的茶汤口味较浓。因此，以软水泡茶，其汤色明亮，香味俱佳。

4. 含有较多铜和铁等变价金属离子的水

这种水会催化茶多酚氧化，生成过氧化氢，使原来具有抗氧化性的绿茶中产生活性自由基，促进氧化应激，影响人体健康。

5. 雪水和雨水

雪水和雨水比较纯净，历来被古人用于煮茶。特别是雪水更受古人的喜爱。雪水是软水，洁净清灵，用来泡茶，汤色鲜亮，香味俱佳。

6. 适宜泡茶的井水

井水属地下水，是否适宜泡茶，不可一概而论。有些井水水质甘美，是泡茶好水。城市里的井水一般受污染多，多带咸味，不宜泡茶；而农村的井水一般受污染少，水质甘美，适宜泡茶。

7. 自来水

自来水一般会使用氯化物消毒,有时会有很重的刺激性气味,直接用其泡茶,不仅影响茶香,汤色也会发浑。

8. 蒸馏水

用蒸馏水冲泡的茶汤,汤色虽好,但滋味淡薄,且成本高。

9. 去离子水

用去离子水萃取的茶汤沉淀虽少,但滋味不甘醇。

四、中国各地名泉

1. 天下第一泉

自唐代饮茶风尚流行以来,被称为天下第一泉的有下列7处。

(1)庐山谷帘泉,此泉位于江西省著名风景旅游区庐山南山中部偏西。茶圣陆羽将其评为"天下第一泉"。

(2)镇江中泠泉。此泉位于江苏省镇江市金山寺以西约0.5 km的石弹山下,被唐代刘伯刍评为第一泉。南宋民族英雄文天祥在品尝了中泠泉泉水煎泡的茶后曾写下这样的诗句:"扬子江心第一泉,南金来此铸文渊。男儿斩却楼兰首,闲品茶经拜羽仙。"

(3)北京玉泉,位于颐和园以西的玉泉山南麓,出露在石缝隙之中。玉泉水"水清而碧,澄洁似玉",故称玉泉。乾隆皇帝特地撰写"玉泉山天下第一泉记",赐名玉泉为"天下第一泉"。

(4)济南趵突泉,此泉位于山东省济南旧城区的西南,是济南七十二泉水之首。北宋文学家曾巩在"齐州二堂记"一文中,首次将其称为"趵突泉"。乾隆皇帝在品尝完趵突泉冲泡的茶水之后也曾将其命名为"天下第一泉"。

(5)玉液泉,此泉位于四川峨眉山神水阁前。泉水清澈湛碧悦人,水质甘冽适口,强身健体,延年益寿,被清人邢丽江评为"天下第一泉"。

（6）碧玉泉（安宁温泉），该泉位于云南省安宁市螳螂川右岸。相传碧玉泉池中有石"光腻胜玉，碧色奇目"，故得名。泉水清澈透明，水质柔滑优良，水温在 40~45 ℃，既可洗浴，又可饮用。浴可治疗多种疾病，尤其对皮肤病、关节炎和慢性胃病疗效显著；饮则烹茶煮茗，其味温醇可口，风味独特。因此明代文学家杨慎说此泉水"不可不饮"，并手书"天下第一汤"。

（7）月牙泉，此泉位于甘肃省酒泉市鸣沙山月牙泉景区。沙漠中形如玄月的"月牙泉"亦被人赞为"天下第一泉"。

2. 天下第二泉

天下第一泉的归属众说纷纭，而天下第二泉却仅无锡惠山泉享此殊荣，其位于无锡市惠山第一峰白石坞下的锡惠公园内。因茶圣陆羽曾亲品其味，故又名陆子泉。陆羽将其评为"天下第二泉"，其后刘伯刍、张又新等唐代著名茶人均推举它为"天下第二泉"。

3. 陆羽评点的名泉

根据张又新《煎茶水记》记载：陆羽评点名泉为二十等。

第一，庐山康王谷水帘水；第二，无锡县惠山寺石泉水；第三，蕲州兰溪石下水；第四，峡州扇子山下有石突然，泄水独清冷，状如龟形，俗云蛤蟆口水；第五，苏州虎丘寺石泉水；第六，庐山招贤寺下方桥潭水；第七，扬子江南零水；第八，洪州西山西东瀑布水；第九，唐州桐柏县淮水源，淮水亦佳；第十，庐州龙池山岭水；第十一，丹阳县观音寺水；第十二，扬州大明寺水；第十三，汉江金州上游中零水，水苦；第十四，归州玉虚洞下香溪水；第十五，商州武关西洛水，未尝泥；第十六，吴松江水；第十七，天台山西南峰千丈瀑布水；第十八，郴州圆泉水；第十九，桐庐严陵滩水；第二十，雪水，用雪不可太冷。

模块 5　常用器具及使用方法

一、常用器具

1. 主泡茶器

主泡茶器主要用于泡茶，部分常见种类见表 2-3。

表 2-3　　　　　　　　主泡茶器的种类

名称	图示
盖碗（三才杯）	
陶瓷壶	

续表

名称	图示
紫砂壶	
陶壶	
玻璃壶	

2. 茶盅

茶盅又称公平杯和公道杯,主要用途为盛放和分斟茶汤,使茶汤在分饮时浓淡均匀,常见种类见表2-4。

表 2-4　　　　　　　　　　茶盅的种类

名称	图示
紫砂盅	
瓷盅	
玻璃盅	
陶盅	

3. 茶滤

茶滤主要用于过滤茶渣，使茶汤清澈明亮，常见种类见表 2-5。

表 2-5　　　　　　　　　　茶滤的种类

名称	图示
瓷茶滤	
陶茶滤	
金属茶滤	

续表

名称	图示
玻璃茶滤	

4. 品茗杯

品茗杯主要用于品饮茶汤，鉴赏汤色，常见种类见表2-6。

表2-6　　　　　　　　　　品茗杯的种类

名称	图示
瓷质茶杯	
紫砂茶杯	

续表

名称	图示
陶质茶杯	
玻璃茶杯	

5. 闻饮杯组

闻饮杯组分为闻香杯和饮茶杯,主要用于闻香及品茶,常见种类见表 2-7。

表 2-7　　　　　　　　闻饮杯组的种类

名称	图示
紫砂闻饮杯组	

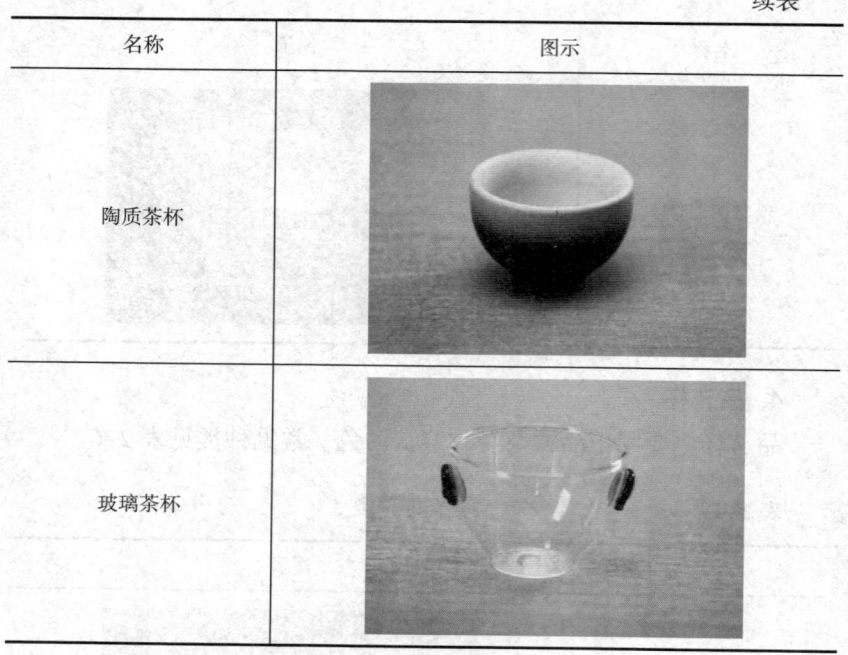

续表

名称	图示
瓷质闻饮杯组	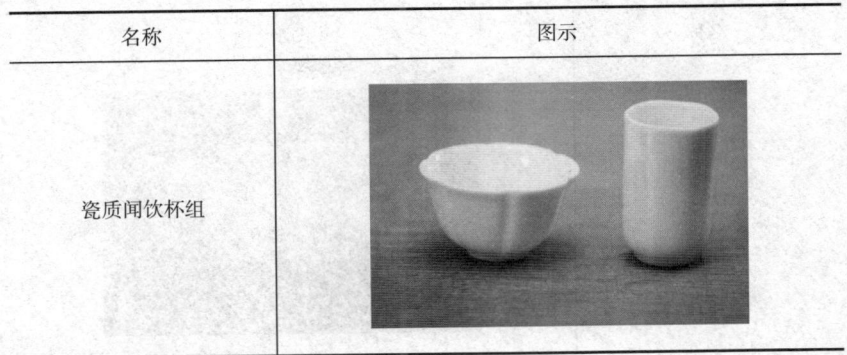

6. 茶洗

茶洗主要用于盛装弃水或盛放茶杯，常见种类见表2-8。

表2-8　　　　　　　　　茶洗的种类

名称	图示
陶质茶洗	
玻璃茶洗	

续表

名称	图示
瓷质茶洗	

7. 茶罐

茶罐主要用于储存茶叶，防止茶叶变质，常见种类见表2-9。

表2-9　　　　　　　　　　茶罐的种类

名称	图示
瓷罐	
金属罐	

续表

名称	图示
陶罐	

8. 茶荷

茶荷主要用于盛放茶叶，鉴赏干茶，常见种类见表2-10。

表 2-10　　　　　　　　　茶荷的种类

名称	图示
瓷茶荷	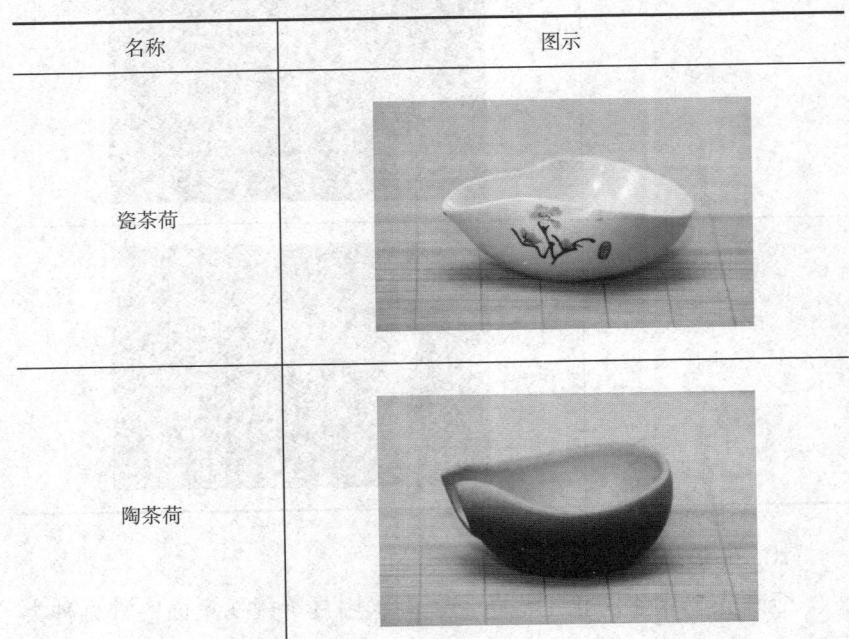
陶茶荷	

9. 煮水用具

煮水用具主要用于烧水泡茶，常见种类见表2-11。

表 2-11　　　　　　　　　　煮水用具的种类

名称	图示
电磁炉	
酒精炉	
煮水器	

10. 壶垫

壶垫主要用于防止主泡茶器、煮水用具等烫伤桌面，常见种类见表2-12。

表 2–12　　　　　　　　　　壶垫的种类

名称	图示
木质壶垫	
布艺壶垫	
竹质壶垫	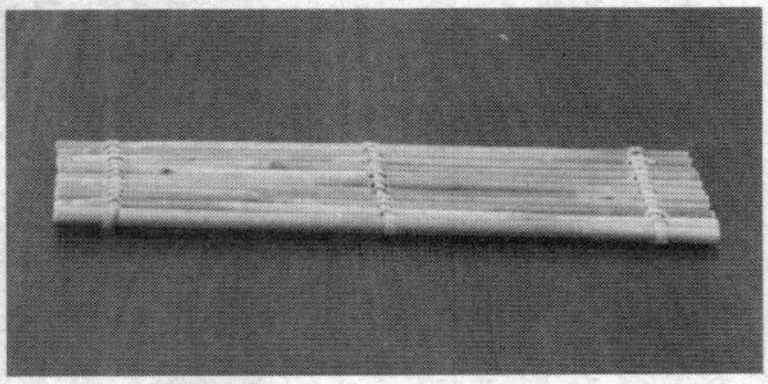

11. 杯托

杯托主要用于盛托品茗杯和闻香杯，常见种类见表 2–13。

表 2-13　　　　　　　　　　　杯托的种类

名称	图示
瓷质杯托	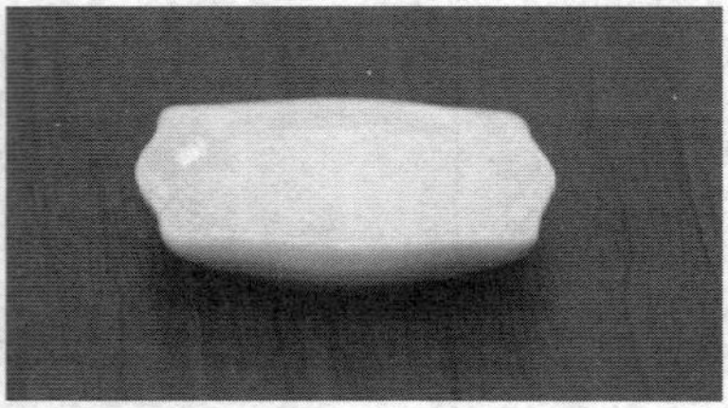 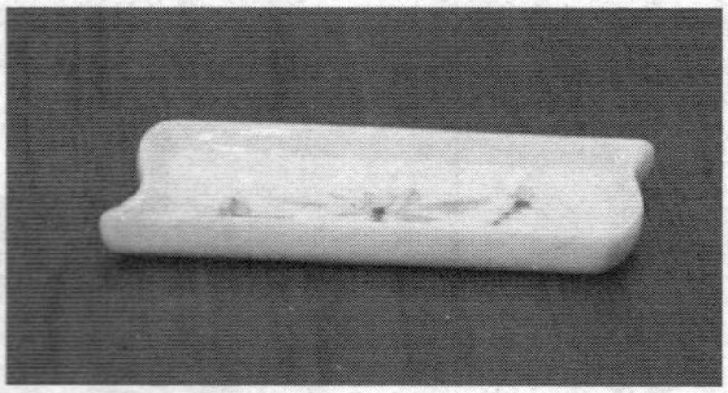
竹质杯托	

第2单元 茶艺基础知识

续表

名称	图示
木质杯托	
紫砂杯托	

续表

名称	图示
布艺杯托	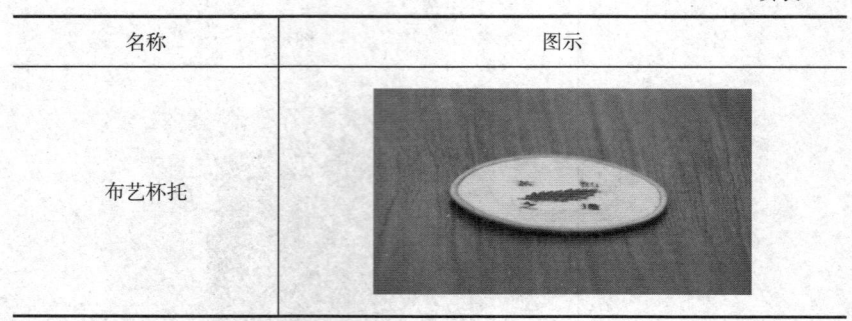

12. 茶道组

茶道组指各类泡茶辅助用具，具体见表2-14。

表2-14　　　　　　　　茶道组

名称	用途	图示
茶筒	放置茶针、茶斗、茶则、茶匙、茶夹等	
茶针	疏通紫砂壶嘴	

续表

名称	用途	图示
茶斗	又称茶漏，置于紫砂壶口，防止茶叶外漏	
茶则	量取茶叶，置于茶荷或泡茶的器具中	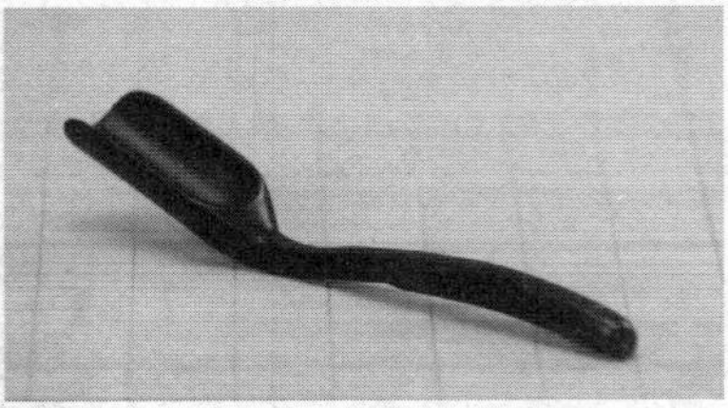
茶匙	拨取茶叶	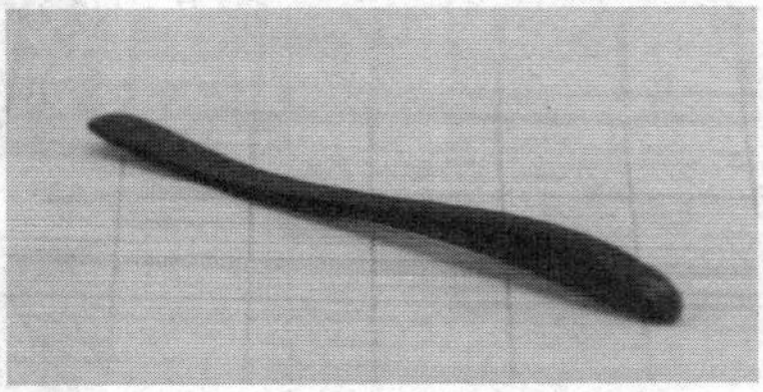
茶夹	夹洗茶杯，防止烫手	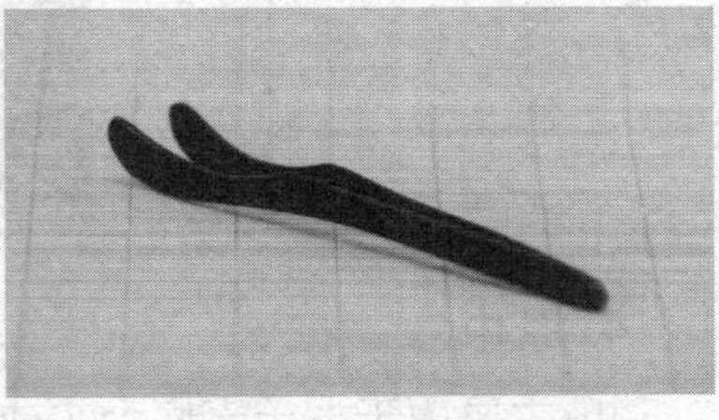

13. 茶席装饰品

茶席装饰品主要用于茶席的设计点缀,常见茶席装饰品见表 2–15。

表 2–15　　　　　　　　常见茶席装饰品

名称	图示
屏风	
小竹篱笆	
竹卷	

14. 茶巾

茶巾主要用于擦干壶底余水或垫壶,防止烫手,如图 2–23 所示。

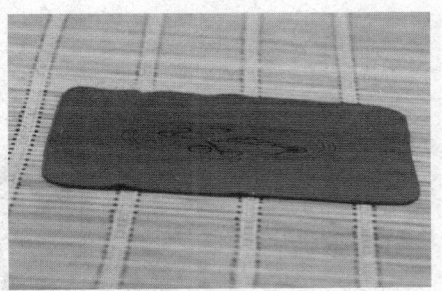

图 2-23 茶巾

二、器具握持手法

1. 女士握持器具手法

女士握持不同器具的手法见表 2-16。

表 **2-16** 女士握持不同器具的手法

器具名称	握持手法	图示
提梁壶	方法一：右手拇指与中指相搭钩住壶把，食指轻抵在壶把上，左手中指抵住壶钮	
	方法二：右手拇指与食指、中指提横梁，左手中指抵住壶钮	

· 67 ·

续表

器具名称	握持手法	图示
侧提壶	方法一：右手四指并拢与拇指共同握住壶把，左手中指抵住壶钮	
	方法二：右手四指并拢与拇指共同握住壶把	
侧把壶	右手握壶把，左手中指抵住壶钮	
大紫砂壶	方法一：右手拇指与中指相搭钩住壶把，食指按住壶盖，无名指与小指自然弯曲，左手呈兰花指状，用中指托住壶底	

续表

器具名称	握持手法	图示
大紫砂壶	方法二：右手食指钩住壶把，拇指抵住壶把上方、中指顶住壶把下方，其他手指自然弯曲，左手食指与中指按住壶钮	
小紫砂壶	右手拇指与中指相搭钩住壶把，食指按住壶钮，无名指与小指自然弯曲	
盖碗	右手拇指与中指握杯沿两侧，食指按住盖钮，呈"三龙护鼎"状，无名指与小指自然弯曲	
高脚杯	右手食指与中指托住杯底，拇指靠在杯身，无名指与小指自然弯曲	

续表

器具名称	握持手法	图示
玻璃杯	右手拇指与食指夹持杯身，其他手指自然弯曲，左手呈兰花指状，用中指托住杯底	
无把盅	有盖：右手拇指与中指握盅沿，食指按盅钮，其他手指自然弯曲	
	无盖：右手拇指与食指、中指握盅沿，其他手指自然弯曲	
有把盅	方法一：右手拇指与食指捏盅柄，中指轻靠盅柄，其他手指自然弯曲	

续表

器具名称	握持手法	图示
有把盅	方法二：右手食指钩盅柄，拇指按住盅柄上方，中指抵住盅柄下方，其他手指自然弯曲	
茶荷	左手虎口撑开，拇指与食指、中指握住茶荷外壁，其他手指自然弯曲	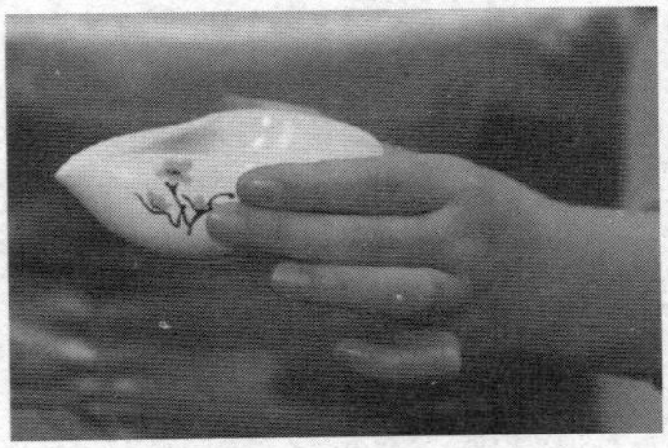
品茗杯	有柄：右手拇指与食指相搭钩住杯柄，中指托住杯柄下方，其他手指自然弯曲	
	无柄：右手拇指与食指握杯沿，中指托住杯底，其他手指自然弯曲	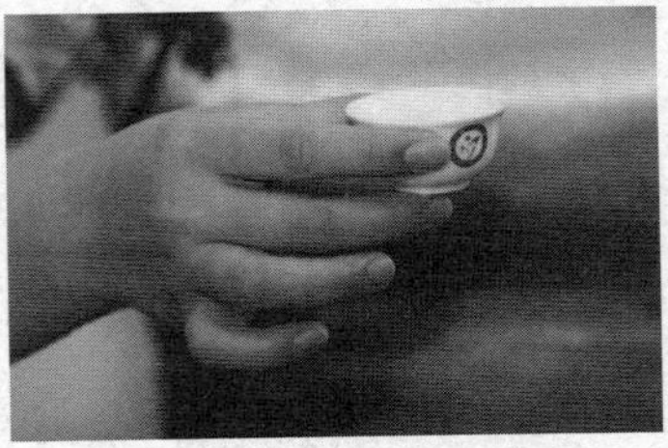

续表

器具名称	握持手法	图示
闻香杯	方法一：右手拇指、食指、中指竖直持杯，其他手指自然弯曲	
	方法二：双手掌心相对，手指呈兰花指状，捧杯于手掌心	
茶斗	右手虎口撑开，拇指与食指、中指持茶斗外沿，其他手指自然弯曲	
茶则	右手拇指与食指、中指持茶则1/3处，其他手指自然弯曲	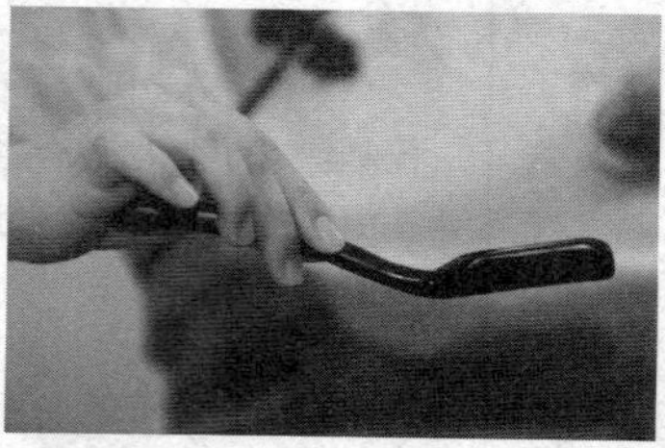

第 2 单元　茶艺基础知识

续表

器具名称	握持手法	图示
茶夹	右手拇指与食指、中指持茶夹 2/3 处，其他手指自然弯曲	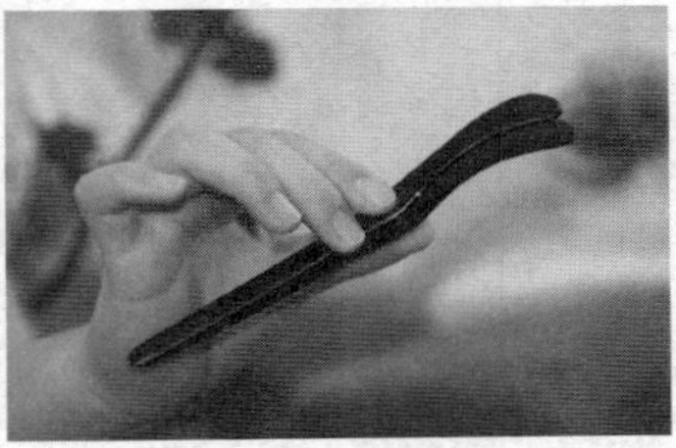
茶匙	右手拇指与食指、中指持茶匙 1/2 处，其他手指自然弯曲	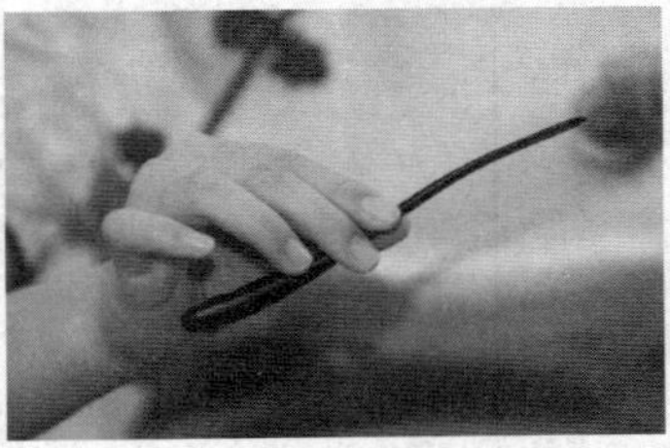
茶针	右手拇指与食指、中指持茶针 1/3 处，其他手指自然弯曲	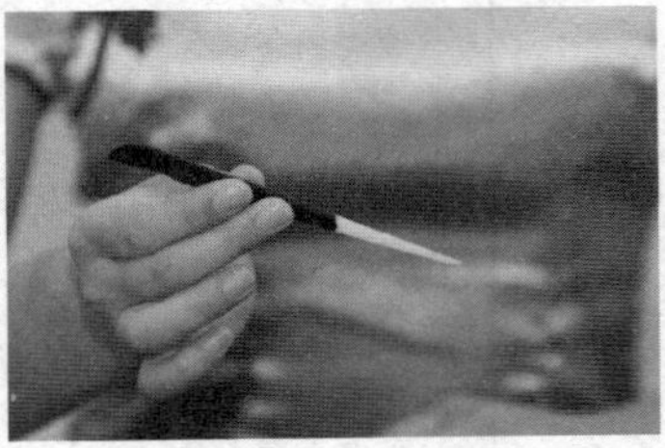
杯托	双手虎口张开、掌心向下，用拇指与食指、中指持杯托两端	

续表

器具名称	握持手法	图示
茶罐	捧取：双手掌心相对捧持罐身	
	开盖：左手拇指与食指、中指握住茶罐，右手拇指与中指握盖沿，食指抵住上方揭盖	
茶滤	右手拇指与食指捏滤柄，其他手指自然弯曲	
茶洗	双手捧取	

续表

器具名称	握持手法	图示
奉茶盘	双手端取，即两手中指托盘底，食指轻靠盘沿，拇指按住盘沿上方，端起奉茶盘	

2. 男士握持器具手法

男士握持不同器具的手法见表2-17。

表2-17　　　　男士握持不同器具的手法

器具名称	握持手法	图示
提梁壶	右手掌心向内，四指并拢与拇指提壶横梁1/3处，左手呈半握拳状扣在桌沿，双手与肩同宽	
侧提壶	右手掌心向内，四指并拢与拇指提壶把，左手呈半握拳状扣在桌沿，双手与肩同宽	

续表

器具名称	握持手法	图示
侧把壶	右手掌心向内，四指并拢持壶把，拇指按壶钮，左手呈半握拳状扣在桌沿，双手与肩同宽	
盖碗	方法一：左手掌心向内持杯托，右手四指并拢，拇指、食指与中指提盖钮	
	方法二：右手掌心向内向下，虎口撑开，拇指与中指持杯沿，食指按盖钮	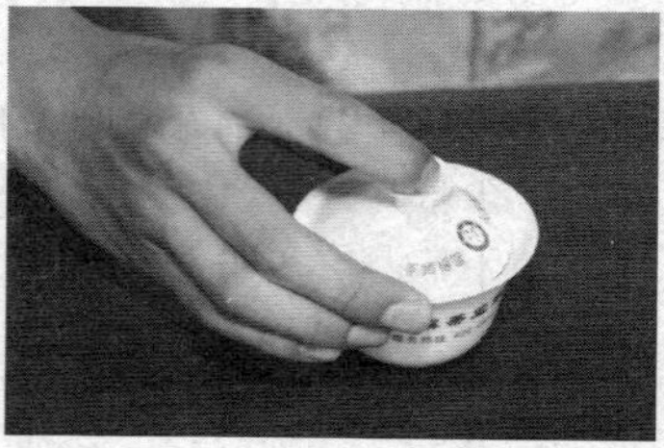
紫砂壶	方法一：右手掌心向下，拇指与中指握壶把，食指按住壶钮，无名指与小指收拢弯曲	

第 2 单元　茶艺基础知识

续表

器具名称	握持手法	图示
紫砂壶	方法二：右手掌心向内，拇指按壶钮，食指钩住壶把，中指抵住壶把下方，无名指与小指收拢弯曲	
玻璃杯	右手四指并拢，与拇指一起握拿玻璃杯 1/2 处	
无把盅（有盖）	右手拇指与中指握盅沿，食指按盅钮，其他手指并拢弯曲	
品茗杯	右手掌心向内，拇指与食指握杯沿，中指托住杯底，其他手指并拢弯曲	

三、常用器具的使用方法

1. 注水方式（见表 2-18）

表 2-18　　　　　　　　注水方式

方法	具体操作	图示
单手回转冲泡法	右手提开水壶，手腕逆时针转动，提腕再压腕低斟注水，令水流沿盖碗口（茶壶口）内壁冲入盖碗（茶壶）内，达到所需水量后提腕断流收水	
双手回转冲泡法	左手食指与中指轻搭在壶钮上，右手提开水壶，手腕逆时针转动，提腕再压腕低斟注水，令水流沿盖碗口（茶壶口）内壁冲入盖碗（茶壶）内，达到所需水量后提腕断流收水。此方法适合于茶艺表演	
凤凰三点头冲泡法	左手食指与中指轻搭在壶钮上，右手提开水壶，靠近茶杯口注水，提腕后再压腕注水，如此反复3次，再提腕断流收水，过程中应连续，不可断流。此方法一般适用于高档绿茶、红茶、黄茶、白茶的冲泡，是茶道中的一种传统礼仪，表达了对客人和茶的敬意	

第 2 单元　茶艺基础知识

续表

方法	具体操作	图示
45°冲泡法	右手提开水壶，提腕对准盖碗口（茶壶口）内壁，以 45° 冲入盖碗（茶壶）内，达到所需水量后断流收水。此方法男士较为常用	

2. 温盖碗、茶盅（见表 2-19）

表 2-19　　　　　　温盖碗、茶盅

方法	具体操作	图示
温盖碗	左手中指轻贴在碗盖的凹处，拇指与中指在盖钮的两边，轻轻拨动碗盖，右手虎口张开，拇指与食指、中指拿起碗，由上而下用碗内的水冲烫碗盖的内侧，冲烫后把剩余的水倒入茶盅	 

· 79 ·

续表

方法	具体操作	图示
温茶盅	右手拿茶盅并逆时针旋转，使水均匀烫到茶盅内每一部分，左手拿起过滤网，使茶盅内的水烫洗过滤网，把剩余的水倒入品茗杯中	 

3. 温壶、烫杯（见表2-20）

表2-20　　　　温壶、烫杯

方法		具体操作	图示
温壶	淋壶	用开水壶中的开水逆时针往壶盖上淋一圈	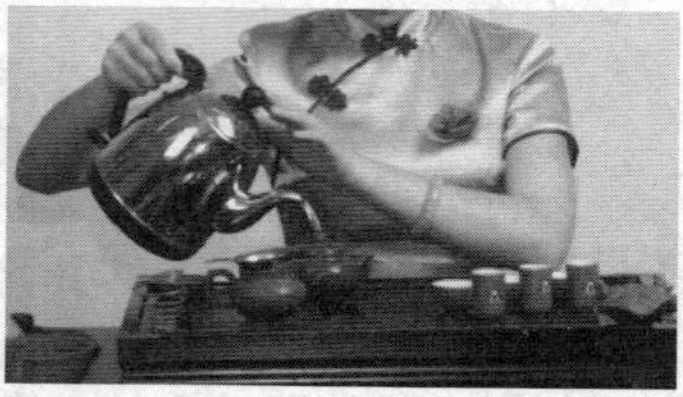
	揭盖	右手拇指、食指、中指捏住壶钮，无名指与小指稍弯曲，沿逆时针方向把壶盖以弧线移至右边的盖置上	

续表

方法		具体操作	图示
温壶	注水	采用单手回转冲泡法注水 1/2 即可	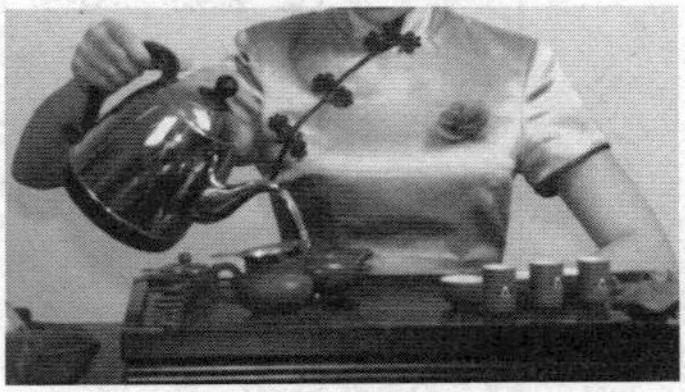
	摇壶	右手持壶，左手轻护壶底，按逆时针方向转动双手手腕，令壶身各部分充分接触开水（若觉得烫手，左手可垫茶巾）	
烫闻香杯及品茗杯	倒水	将开水依次倒入闻香杯及品茗杯中	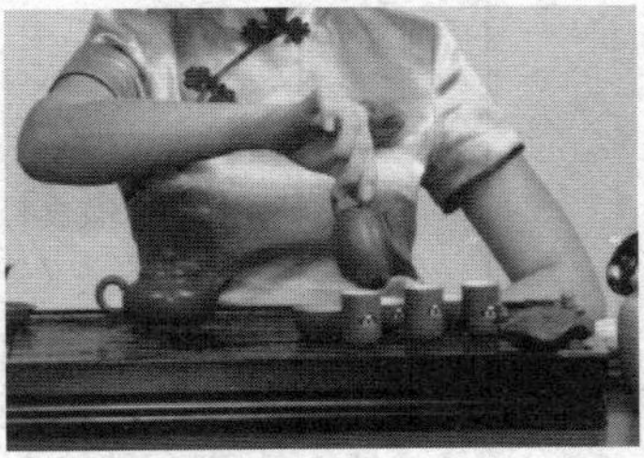

续表

方法		具体操作	图示
烫闻香杯及品茗杯	烫闻香杯	摇杯时双手虎口撑开，拇指与食指、中指拿起闻香杯，用双手内旋的方式进行摇杯，使开水均匀烫到杯里的每一个部分	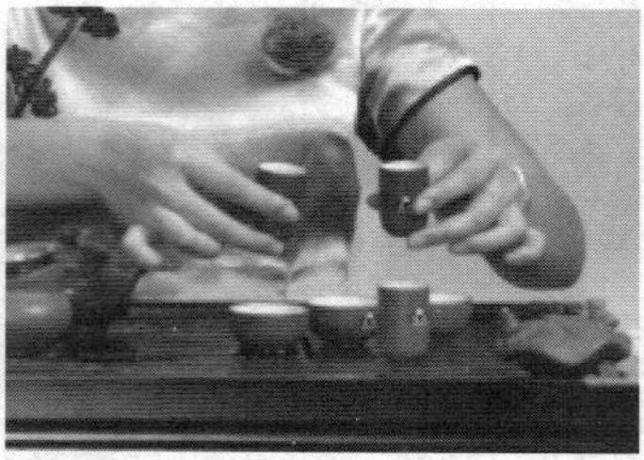
	烫品茗杯	将烫闻香杯的水依次倒入品茗杯中，并将其向左倾斜倒扣在品茗杯中	
	洗闻香杯	拇指与中指、食指抓住闻香杯的1/3处，无名指与小指自然弯曲，转动杯子清洗	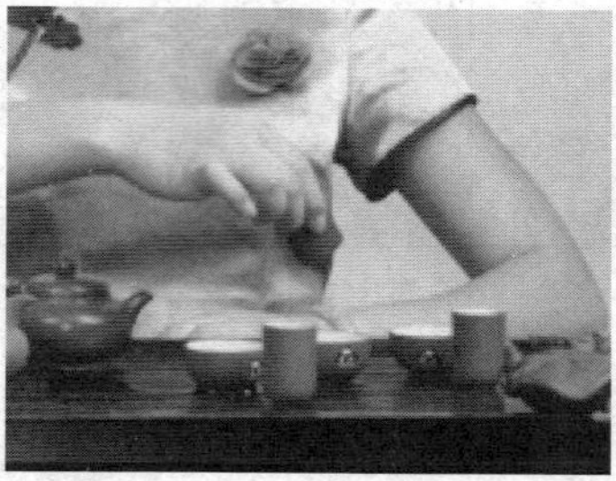
	洗品茗杯	右手拿茶夹轻轻夹住杯子，一紧一松滚动杯子，依次烫洗。若品茗杯已经消过毒，只要将开水倒入杯中，逆时针轻摇一下即可，不必使用杯扣杯洗法	

小知识

1. 新的紫砂壶要进行开壶才能使用。即先用开水烫一遍,然后取 20 g 根据壶选配的茶类放入锅内与紫砂壶同煮半个小时,出锅后再用开水烫洗一次,晾干备用。
2. 紫砂壶要做到天天养壶,用温润泡的茶汤或茶渣进行养壶,并及时清洗,晾干备用。
3. 紫砂壶养壶要使用同一种茶,即遵循"一茶一壶"的原则。

4. 烫玻璃杯(见表 2-21)

表 2-21　　　　　　　　烫玻璃杯

	操作方法	图示
方法一	注水:右手提壶往玻璃杯内注水,即沿杯沿逆时针绕一圈	
	倒水:左手拇指、中指、食指握住杯基部,右手虎口分开,拇指、中指、食指握住杯的 1/3 处,直接把水倒入茶洗中	

续表

	操作方法	图示
方法二	注水：右手提壶往玻璃杯中注水至杯的1/4	
	倒水：左手拇指、中指、食指握住杯基部，右手虎口分开，拇指、中指、食指握住杯的1/3处，左手转动玻璃杯一圈，然后把水倒入茶洗中	
方法三	注水：右手提壶往玻璃杯中注水至杯的1/4	
	转杯：右手虎口分开，拇指、中指、食指握住杯的1/3处，左手食指、中指轻托杯的基部，逆时针转动杯子一圈，使杯中的水均匀烫到杯内的每一个部分	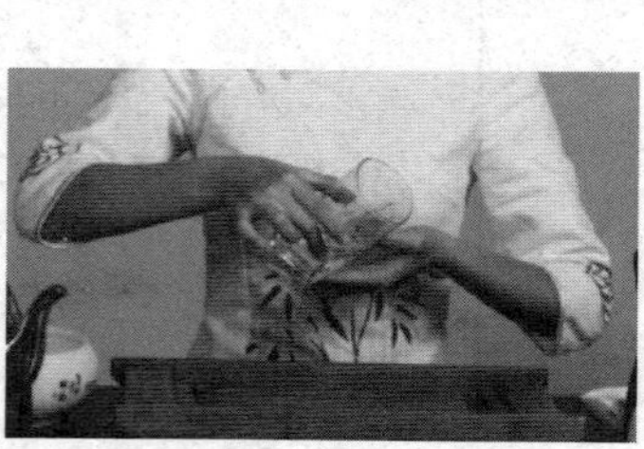

续表

方法	操作方法	图示
方法三	倒水：左手拇指、中指、食指握住杯基部，右手虎口分开，拇指、中指、食指握住杯的1/3处，直接把水倒入茶洗中	

5. 投茶（见表2-22）

表2-22　　　　　　　　　　投茶

方法	操作步骤	图示
下投法	（1）投茶：左手拿茶荷，右手拿茶匙把茶叶拨入杯中 （2）注水：采用凤凰三点头的方法往杯中注水至七分满	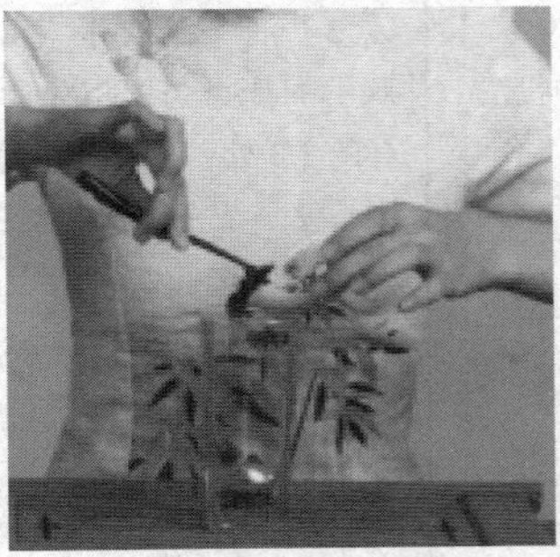 

续表

方法	操作步骤	图示
中投法	（1）注水：先往杯中注入开水至杯容量的1/3 （2）投茶：投茶于杯中 （3）润茶：双手虎口分开，双手的拇指与中指、食指抓住杯的1/3处，逆时针转动杯子一圈，使干茶充分吸收水分 （4）再次注水：待干茶吸收水分舒展后，再注水至七分满	  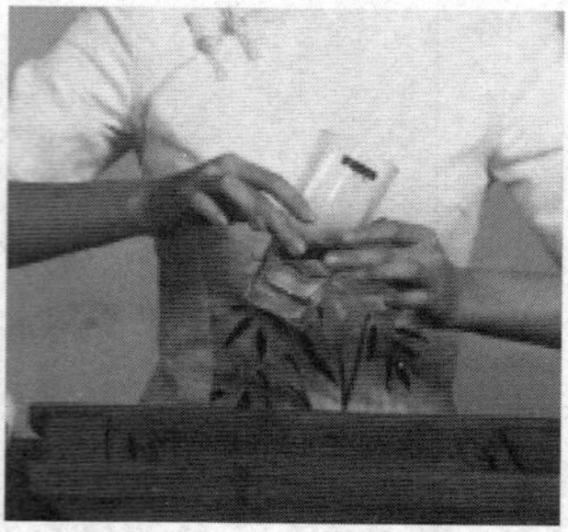 

续表

方法	操作步骤	图示
上投法	（1）注水：先将开水注入杯中约七分满 （2）投茶：投茶于杯中	

> **小知识**
>
> 　　碧螺春、午子仙毫、都匀毛尖等极细嫩的名优绿茶宜采取上投法，六安瓜片、黄山毛峰、太平猴魁等紧结重实的或比较松展及有鱼叶保护的名优绿茶宜选用中投法或下投法。

6. 茶巾折叠（见表 2-23）

表 2-23　　　　　　　　茶巾折叠

操作方法		图示
方法一	先将茶巾左右各折 1/4，再把茶巾上下各折 1/4，最后将茶巾对折呈八层	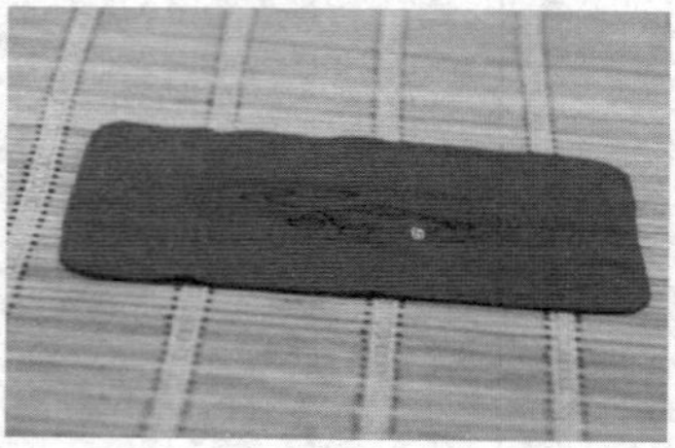 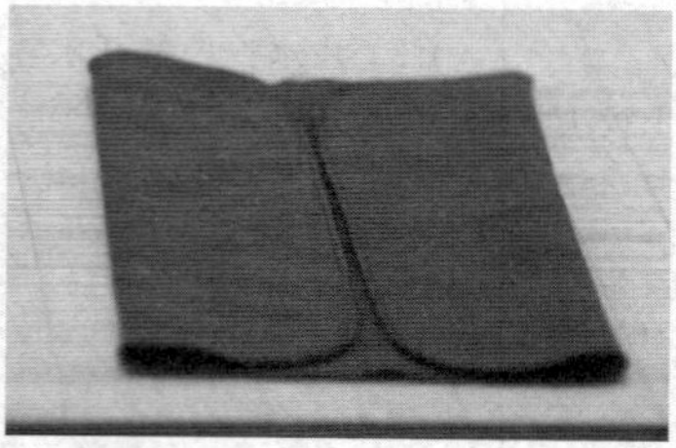 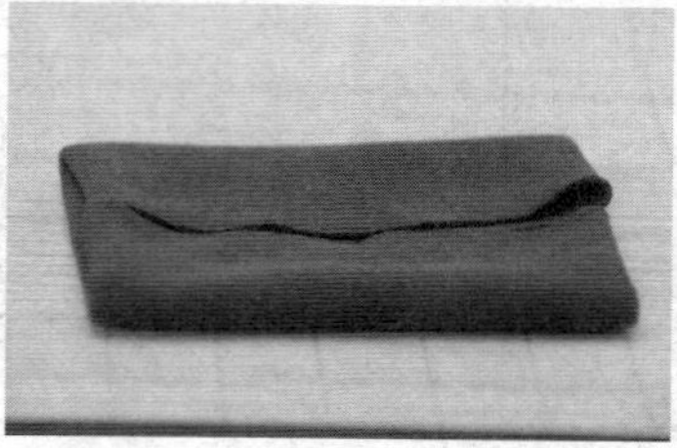 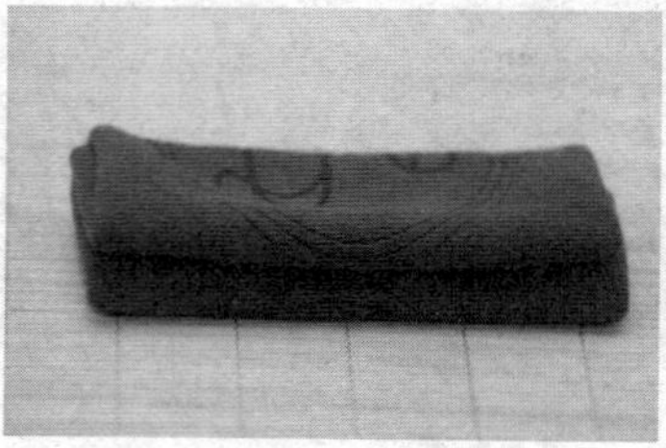

续表

	操作方法	图示
方法二	先将茶巾于 1/3 处对折，再将另外 1/3 折起，呈三层；以相同的方法在另两个方向折好，使茶巾呈九层	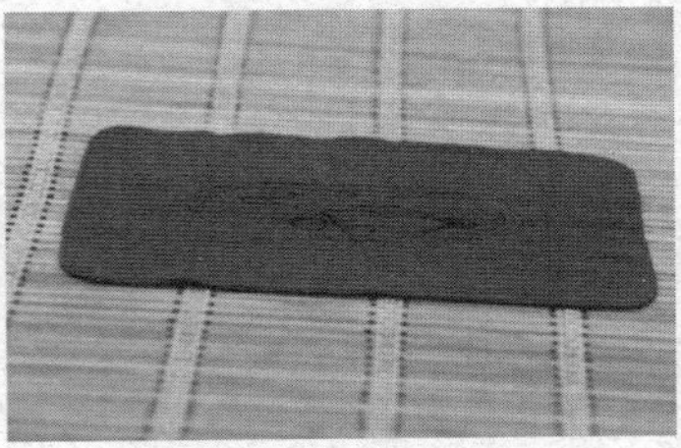  

第3单元 六大茶类冲泡技艺

模块1 乌龙茶冲泡技艺

一、茶具选配

乌龙茶干茶的外形条索紧结肥壮,茶叶内含有多种营养成分,冲泡后香高而持久,醇厚甘甜,回味无穷。要想领略乌龙茶的真香和妙韵,冲泡器具的选择很有讲究,可选以下冲泡器具:

1. 白色瓷质盖碗、品茗杯。
2. 瓷壶、品茗杯。
3. 紫砂壶、闻香杯、品茗杯。

二、水温、茶水比例

1. 冲泡乌龙茶的水温要达到100 ℃,只有这样才能使茶的内质美发挥到极致,泡出色、香、味俱全的好茶。
2. 茶水比例一般为1∶20~1∶15。根据器具容量、茶叶品种、饮茶习惯灵活调配。

三、冲泡程序

1. 清香型乌龙茶

（1）清香型乌龙茶冲泡流程。

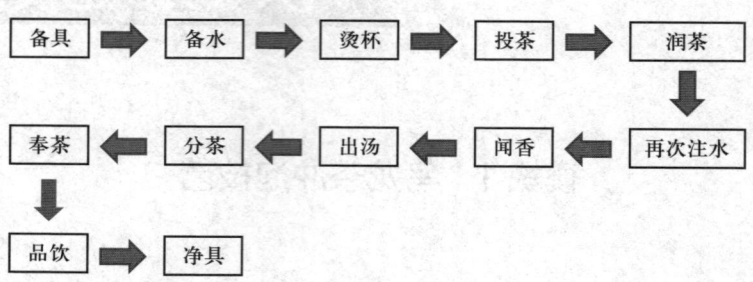

（2）清香型乌龙茶冲泡操作方法（见表3-1）。

表3-1　　　　　　　清香型乌龙茶冲泡操作方法

操作步骤	操作方法	注意事项	图示
备具	1）把泡茶所需的器具准备好：茶盘、盖碗、品茗杯、杯托、赏茶碟、煮水器、茶道组、茶罐、茶洗、茶巾等 2）整理并布置好茶席	1）使用白色瓷质盖碗，其他器具材质应相同，符合该茶类的冲泡要求 2）茶具的摆放应美观且方便操作	
备水	准备好山泉水或纯净水，并烧至100℃	水温应达到100℃，但水不能过老	

续表

操作步骤	操作方法	注意事项	图示
烫杯	用开水注入盖碗后先烫盖碗，然后倒入茶盅烫好，再倒入品茗杯	盖碗烫好后须盖好盖，品茗杯不用杯扣杯的手法	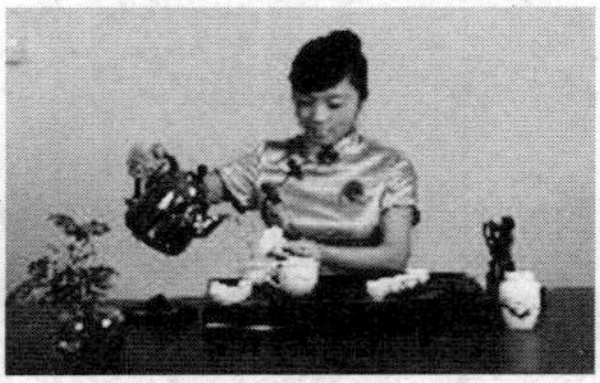
投茶	先把盖揭开，然后用茶匙取茶叶投入盖碗中	1）包装好的茶叶不能用手解包装袋，应用剪刀剪开，不能将茶叶挤碎 2）茶水比例一般为1:20~1:15，根据器具容量、茶叶品种、饮茶习惯灵活选用	
润茶	采用单手回转冲泡法或45°冲泡法往盖碗里注水，然后用左手拿起盖刮去碗里的浮沫，并马上倒出茶汤	1）注水时应控制好水流，水流不能过大，以免把茶叶冲出碗外 2）注水后应马上出汤，不能浸泡	
再次注水	采用单手回转冲泡法或45°冲泡法再次往盖碗里注入沸水	水应注满，并用盖收拢茶叶	

续表

操作步骤	操作方法	注意事项	图示
闻香	拿起碗盖在鼻子下端深呼吸，闻香不能超过3s	闻香时不能说话，待碗盖移开后方能吐气	
出汤	出汤时先将盖碗底残余的水吸干，然后轻靠茶盅边沿逆时针绕两圈，提高盖碗再低，待断流时轻点三下，把碗内残余的茶汤全部倒入茶盅	1）拿起盖碗时要三点一线，左侧中间留一条缝隙，这样才不会烫手 2）盖碗的茶汤要倒干，这样才不会影响下一道茶汤的冲泡	
分茶	将茶盅底残余的水吸干后依次分入各只品茗杯，七分满即可	1）待客型茶艺，茶汤应倒七分满，不能倒太满 2）营销型茶艺，客人买茶试茶，可根据人数灵活分茶，确保所有客人都能品尝到每一道茶汤	
奉茶	将品茗杯底残余的水吸干后，按从左到右的顺序奉茶，并行伸掌礼	1）奉茶次序一般为从左到右，先宾后主，女士、老人、儿童、上级领导优先 2）若用茶夹提杯，奉茶时应先用开水烫洗茶夹并轻扣一下	

续表

操作步骤	操作方法	注意事项	图示
品饮	1）品饮时应分三口，在口腔里细品慢啜，品完也可闻杯底香 2）向客人介绍每一道茶汤的品质特征	品饮时注意茶汤的温度，若温度过高则不宜品尝，以免烫伤口腔	
净具	1）收拾好茶具，进行清洗并消毒 2）整理茶桌，重新布置茶席，摆放好各种器具	及时处理损坏的茶具	

小知识

1. 冲泡乌龙茶要求水器双高，只有这样才能展现乌龙茶的本色。冲泡前要先用开水淋壶烫杯，以提高器具的温度。

2. 刮沫时，右手提壶，左手拿杯盖，由外向内轻轻拨去表面的泡沫，再用壶里的水烫洗附在盖内侧的泡沫。

3. 出汤时，采用三龙护鼎手法拿盖碗，即右手食指轻靠盖钮凹处，拇指与中指分别轻靠盖碗边沿的两侧，盖碗左侧中间留出一定的缝隙，刚好呈"三点一线"，这样才不会烫到手。

4. 品饮时，右手拇指与食指轻靠杯的两侧，中指托住杯圈，分三口细品慢饮。

5. 乌龙茶一般可以冲泡 5~6 道，第一道一般 40 s~1 min，后续每一道时间顺延 10~20 s，操作步骤相同。

2. 浓香型乌龙茶

（1）浓香型乌龙茶冲泡流程。

备具 ➡ 备水 ➡ 温壶烫盅 ➡ 投茶 ➡ 润茶 ➡ 再次注水 ➡ 淋壶烫杯 ➡ 出汤 ➡ 分茶 ➡ 奉茶 ➡ 闻香 ➡ 品饮 ➡ 净具

（2）浓香型乌龙茶冲泡操作方法（见表3-2）。

表3-2　　　　　　　浓香型乌龙茶冲泡操作方法

操作步骤	操作方法	注意事项	图示
备具	1）把泡茶所需的器具准备好：茶盘、紫砂壶、品茗杯、闻香杯、杯托、赏茶碟、煮水器、茶道组、茶罐、茶洗、茶巾等 2）整理并布置好茶席	1）使用紫砂壶，其他器具材质应相同，符合该茶类的冲泡要求 2）茶具的摆放应美观且方便操作	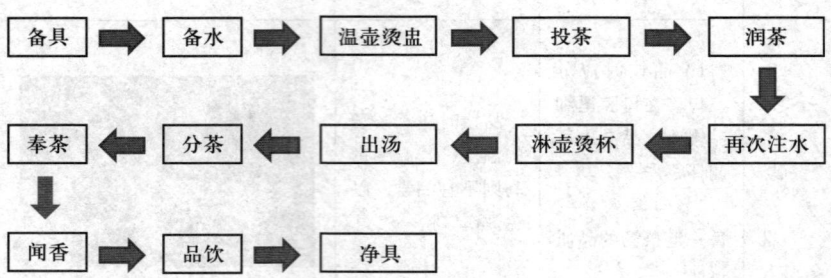
备水	准备好山泉水或纯净水，并烧至100℃	水温应达到100℃，但水不能过老	

续表

操作步骤	操作方法	注意事项	图示
温壶烫盅	先用开水淋洗紫砂壶的外部,揭开壶盖,注水至壶内,然后摇壶,最后烫洗闻香杯,并把闻香杯倒放在品茗杯里	烫壶时要均匀烫到壶内的每一个部分	 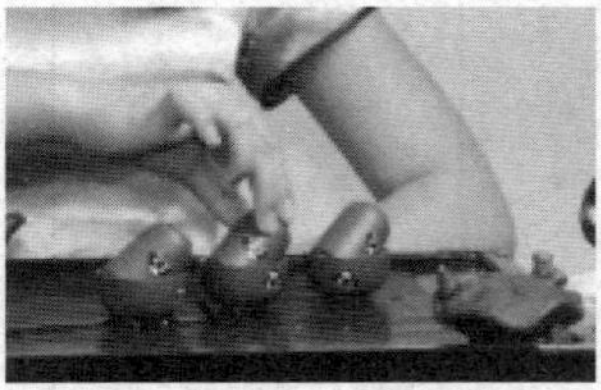
投茶	先把盖揭开,用茶匙取茶叶装入茶荷,并将茶漏放置于紫砂壶口,然后投茶	包装好的茶叶不能用手解包装袋,应用剪刀剪开,不能将茶叶挤碎	
润茶	采用单手回转冲泡法往壶里注水,然后用左手拿起盖刮去壶里的浮沫,并马上倒出茶汤。润茶又称温润泡、醒茶	1)注水时应控制好水流,水流不能过大,以免把茶叶冲出壶外	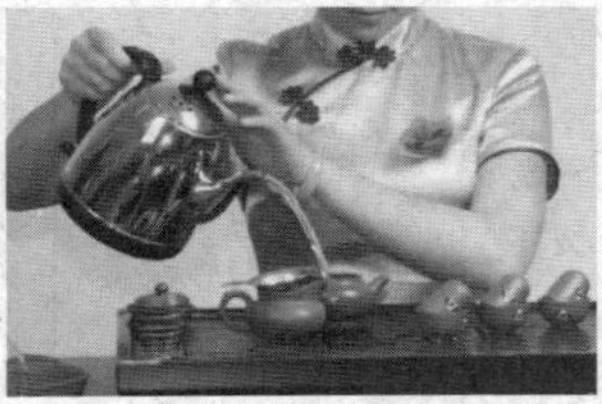

续表

操作步骤	操作方法	注意事项	图示
润茶		2）注水后应马上出汤，不能浸泡	 
再次注水	采用单手回转冲泡法再次往壶里注入沸水	水应注满	
淋壶烫杯	1）用温润泡的茶汤沿壶盖至壶钮逆时针淋紫砂壶	1）淋壶不能用冷水	

续表

操作步骤	操作方法	注意事项	图示
淋壶烫杯	2）双手拿起闻香杯，采用双手回旋的方法烫洗。用茶夹夹住品茗杯轻摇一下倒掉即可	2）洗闻香杯时应采用双手内旋的动作，寓意着欢迎客人，表达"来来来"的热情之意；若双手外旋，则象征着送客，带有"去去去"的含蓄之意	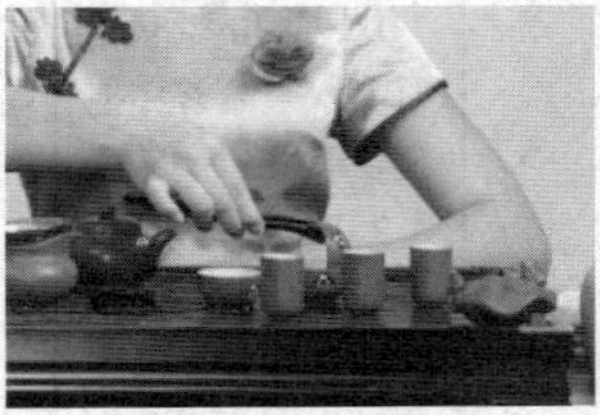
出汤	右手持壶，先将壶底残余的水吸干，然后倒入茶盅，逆时针绕两圈，提壶再压低后停留片刻，待壶中的茶汤流尽后轻点一下即可	1）手指不能把紫砂壶壶钮上的气孔按住 2）紫砂壶里的茶汤必须要倒干，这样才不会影响下一道茶汤的冲泡	 
分茶	将茶盅底残余的水吸干后依次分入闻香杯中	1）茶汤应先注入闻香杯中 2）注入闻香杯的茶汤应根据容量而定，倒入品茗杯的茶汤应七分满	

续表

操作步骤	操作方法	注意事项	图示
奉茶	1）先扣杯，即双手拿起品茗杯把残余水扣干 2）品茗杯倒放于闻香杯前，将品茗杯杯底残余水吸干后倒放于闻香杯上 3）食指和中指夹住闻香杯中部，拇指按住品茗杯杯圈，先将闻香杯杯底残余水吸干后再向上翻转，角度不宜过高 4）双手虎口张开，由拇指与食指、中指端取杯托，奉给客人，并行伸掌礼	1）翻杯应向上，不能向外翻，同时应按住，否则茶汤会洒出，翻杯时角度不宜过高，置于眼睛下方即可 2）奉茶次序一般为从左到右，先宾后主，女士、老人、儿童、上级领导优先	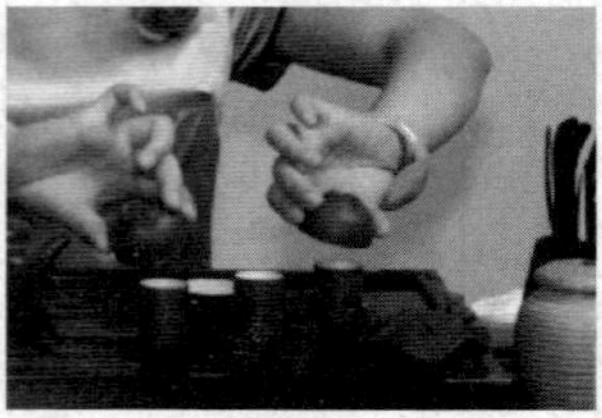  
闻香	1）右手拇指与食指、中指拿住闻香杯基部，提杯，沿品茗杯边沿从六点钟方向开始顺时针绕一圈，将闻香杯的茶汤刮干净以利于闻香	1）闻香不能超过3 s 2）闻香时不能说话，待杯子移开后方能吐气	

续表

操作步骤	操作方法	注意事项	图示
闻香	2）女士建议单手闻香，右手拇指与食指、中指拿住闻香杯基部在鼻子下端深呼吸；男士采用双手闻香，将闻香杯双手捧于掌心，并缓慢靠近鼻子深呼吸		
品饮	1）品饮时应分三口，在口腔里细品慢啜，品完也可再闻杯底香 2）向客人介绍每一道茶汤的品质特征	1）不能用闻香杯进行品饮 2）品饮时注意茶汤的温度，若温度过高则不宜品尝，以免烫伤口腔	
净具	1）收拾好茶具，进行清洗并消毒 2）整理茶桌，重新布置茶席，摆放好各种器具	及时处理损坏的茶具	

模块2　绿茶冲泡技艺

一、茶具选配

绿茶造型独特，维生素 C 含量丰富，冲泡宜选用传热速度较快的玻璃器具，这样既可以保留其营养价值，又可观赏其独特茶姿。

茶具选用：细嫩名优绿茶，选用精美透明玻璃杯；大宗绿茶，选用玻璃壶、飘逸杯、瓷壶、盖碗等。

二、水温、茶水比例

1. 冲泡细嫩名优绿茶的水温要达到 80~85 ℃，冲泡特别细嫩的碧螺春时水温宜为 75~80 ℃，冲泡大宗绿茶时水温要达到 85~90 ℃。
2. 茶水比例一般为 1∶50 左右。根据器具容量、茶叶品种、饮茶习惯灵活调配。

三、冲泡程序

1. 绿茶冲泡流程（以黄山毛峰为例）

备具 ➡ 备水 ➡ 烫杯 ➡ 投茶 ➡ 凉水 ➡ 注水 ➡ 奉茶 ➡ 品饮 ➡ 净具

2. 绿茶冲泡操作方法（见表3-3）

表3-3　　　　　　　　绿茶冲泡操作方法

操作步骤	操作方法	注意事项	图示
备具	1）把泡茶所需的器具准备好：茶盘、玻璃杯、赏茶碟、煮水器、凉水杯、茶道组、茶罐、茶洗、茶巾等 2）整理并布置好茶席	1）使用晶莹剔透的玻璃杯，其他器具材质应相同，符合该茶类的冲泡要求 2）茶具的摆放应美观且方便操作	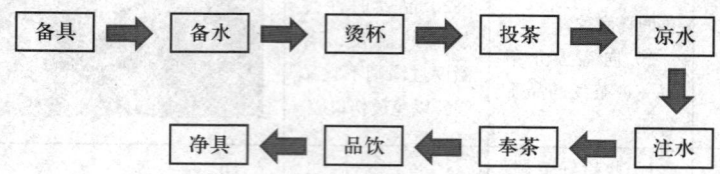

续表

操作步骤	操作方法	注意事项	图示
备水	准备好山泉水或纯净水,并烧至100 ℃,同时准备一壶凉开水	冲泡时水温在85 ℃左右即可,不能过高	
烫杯	1)将开水注入玻璃杯进行烫杯 2)另一种快速烫杯方法是直接用开水淋烫	若直接用开水淋烫,须用干净的茶巾擦干玻璃杯外部	
投茶	用茶匙取茶叶放入茶荷,再投入玻璃杯中	1)包装好的茶叶不能用手解包装袋,应用剪刀剪开,不能将茶叶挤碎 2)茶水比例一般为1∶50左右,根据器具容量、茶叶品种、饮茶习惯灵活选用	
凉水	1)先把水烧开,再注入凉开水 2)用保温壶直接冷却	根据茶叶原料的老嫩,掌控好水温	
注水	采用凤凰三点头冲泡法进行注水	注水时应连续"点头"三次,不能断流	

续表

操作步骤	操作方法	注意事项	图示
奉茶	将杯底残余的水吸干后,按从左到右的顺序奉茶,并行伸掌礼	奉茶次序一般为从左到右,先宾后主,女士、老人、儿童、上级领导优先	 
品饮	1)品饮时应分三口,在口腔里细品慢啜,品完也可闻杯底香 2)向客人介绍每一道茶汤的品质特征	1)绿茶一般浸泡3~5 min才能品饮,品饮时注意茶汤的温度,若温度过高则不宜品尝,以免烫伤口腔 2)注意续水技巧和讲解引导	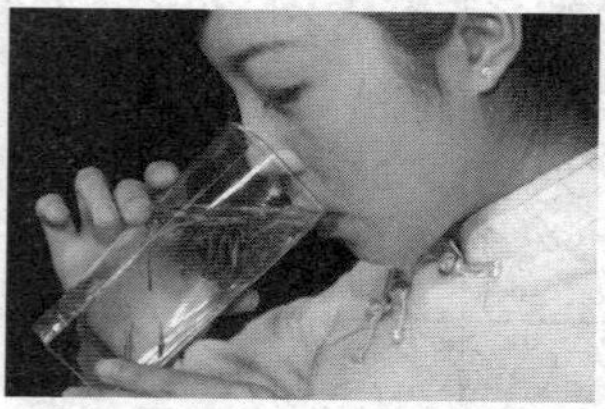

续表

操作步骤	操作方法	注意事项	图示
净具	1）收拾好茶具，进行清洗并消毒 2）整理茶桌，重新布置茶席，摆放好各种器具	及时处理损坏的茶具	

小知识

1. 冲泡方法

（1）上投法：先把水注入玻璃杯中至七分满，然后投茶。

（2）中投法：先注入1/3的水至玻璃杯中，然后投入茶叶进行润茶，最后再注水至七分满。

（3）下投法：先把茶叶投入玻璃杯中，然后注水至七分满。

2. 续水技巧

绿茶一般只冲泡三道。第一道称为"头开茶"，品"头开茶"时，除了引导客人目品"杯中茶舞"之外，应着重引导客人细啜慢品，品味鲜嫩的茶香和鲜爽的茶味。"头开茶"饮至杯中尚余1/3时，就要及时续水，即再注入开水至七分满。太迟续水会使"二开茶"茶汤淡而无味。品"二开茶"时，茶汤最浓，这时应注意引导客人去体会舌底涌泉、齿颊留香、满口回甘、身心舒畅的妙趣。"二开茶"饮至杯中一半时应再次续水，绿茶一般到第三次注水后就基本上淡薄无味了，这时可佐以茶点，以增茶兴。

小提示

特别细嫩的绿茶，建议采用上投法。比较紧结或呈颗粒形的茶叶建议采用中投法。其他茶叶建议采用下投法。

模块 3 红茶冲泡技艺

一、茶具选配

工夫红茶条索紧细,具有独特、清鲜持久的香味。冲泡后的茶汤红艳明亮,冲泡器具以玻璃壶为最佳,也可选用精美的细瓷壶与细瓷杯的组合,这样的组合比较温馨并富有情趣,能充分展示红茶的内质美。正山小种滋味浓厚甜醇,有特殊的松烟香,宜选用紫砂壶,以除去浓郁的松烟香,使香气幽远持久,滋味更加甜醇。红碎茶适合选择飘逸杯、瓷壶等大壶进行冲泡,并在冲泡后进行调和,分入玻璃杯品饮。

茶具选用:玻璃壶、瓷壶、紫砂壶、玻璃杯、飘逸杯等。

二、水温、茶水比例

1. 一般采用初沸的水冲泡红茶,但金骏眉宜用 80~85 ℃的水冲泡。

2. 投茶量以每杯(200 mL 的标准杯)3~5 g 为宜。可根据客人数量来计量。当使用壶冲泡红茶时,投茶量最少也应达到 5 g,如果茶叶太少,即使少冲水也无法充分发挥出红茶的香醇。

三、冲泡程序

1. 清饮红茶冲泡技艺

(1)清饮红茶冲泡流程。

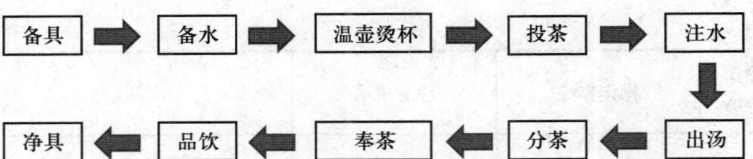

（2）清饮红茶冲泡操作方法（见表3-4）。

表3-4　　　　　　　清饮红茶冲泡操作方法

操作步骤	操作方法	注意事项	图示
备具	1）把泡茶所需的器具准备好：茶盘、玻璃壶、茶盅、品茗杯、赏茶碟、煮水器、茶道组、茶罐、茶洗、茶巾等 2）整理并布置好茶席	1）使用玻璃壶，其他器具材质应相同，符合该茶类的冲泡要求 2）茶具的摆放应美观且方便操作	
备水	准备好山泉水或纯净水，并烧至100 ℃	冲泡时应选用初沸的水，若冲泡金骏眉则采用85 ℃左右的水，水温不能过高	
温壶烫杯	往玻璃壶中注入1/3开水烫壶，然后倒入茶盅，最后倒入品茗杯中	摇玻璃壶时用力要均匀，确保烫到壶内每一个部分	

续表

操作步骤	操作方法	注意事项	图示
温壶烫杯			 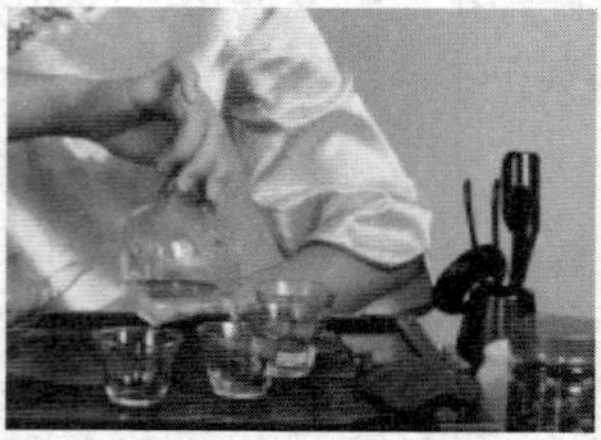
投茶	揭开壶盖，用茶匙取茶叶装入茶荷，将茶漏放置于壶口，然后投入茶叶	包装好的茶叶不能用手解包装袋，应用剪刀剪开，注意茶叶不能被挤碎	 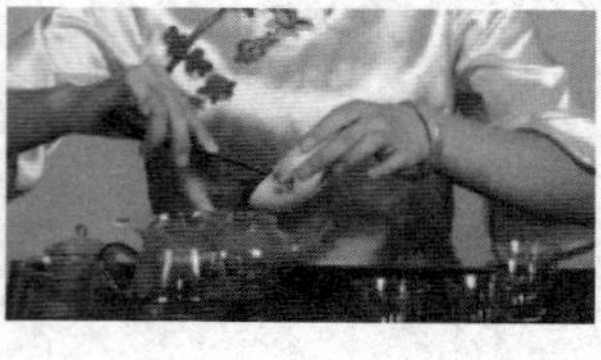

续表

操作步骤	操作方法	注意事项	图示
注水	采用单手回转冲泡法往壶里注水,然后用左手拿起盖刮去壶里的浮沫	注水时控制好水流,不能将茶叶冲出壶外	
出汤	右手持壶,将壶底残余的水吸干;倒入茶盅时,逆时针绕两圈,提壶再压低,待壶中的茶汤流尽后轻点一下即可	壶里的茶汤要倒干净,否则会影响下一道茶汤的冲泡	
分茶	吸干茶盅底部残余的水分,将茶汤依次分入各品茗杯,七分满即可	1)待客型茶艺,茶汤应倒七分满,不能倒太满 2)营销型茶艺,客人买茶试茶,可根据人数灵活分茶,确保所有客人都能品尝到每一道茶汤	
奉茶	吸干品茗杯底部残余的水分,按从左到右的顺序奉茶,并行伸掌礼	1)奉茶次序一般为从左到右,先宾后主,女士、老人、儿童、上级领导优先 2)若用茶夹提杯,奉茶时先用开水烫洗茶夹并轻扣一下	

续表

操作步骤	操作方法	注意事项	图示
品饮	1）品饮时应分三口，在口腔里细品慢啜，品完也可闻杯底香 2）向客人介绍每一道茶汤的品质特征	品饮时注意茶汤的温度，若温度过高则不宜品尝，以免烫伤口腔	
净具	1）收拾好茶具，进行清洗并消毒 2）整理茶桌，重新布置茶席，摆放好各种器具	及时处理损坏的茶具	

2. 混饮红茶冲泡技艺

（1）混饮红茶冲泡流程。

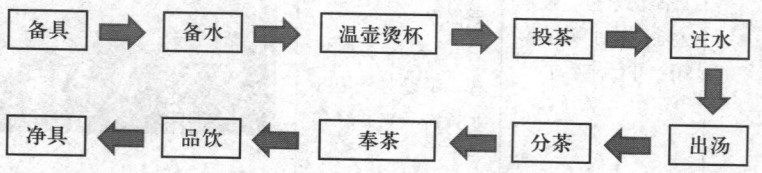

（2）混饮红茶冲泡操作方法（见表3-5）。

表3-5　　　　　　　混饮红茶冲泡操作方法

操作步骤	操作方法	注意事项	图示
备具	1）把泡茶所需的器具准备好：茶盘、玻璃壶、茶盅、品茗杯、赏茶碟、煮水器、茶道组、茶罐、茶洗、茶巾等 2）整理并布置好茶席	1）使用玻璃壶，其他器具材质应相同，符合该茶类的冲泡要求 2）茶具的摆放应美观且方便操作	
备水	准备好山泉水或纯净水，并烧至100℃	冲泡时应选用初沸的水，若冲泡金骏眉则采用85℃左右的水，水温不能过高	
温壶烫杯	往玻璃壶中注入1/3开水进行烫壶，然后倒入茶盅，最后倒入品茗杯中	摇玻璃壶时要用力均匀，确保烫到壶内每一个部分	
投茶	揭开壶盖，用茶匙取茶，把茶叶及玫瑰花瓣装入茶荷，将茶漏放置于壶口，投入茶叶及玫瑰花瓣	1）包装好的茶叶不能用手解包装袋，应用剪刀剪开，不能将茶叶挤碎 2）玫瑰花瓣放少许（6片左右），不能放多 3）茶水比例一般为1:30，可根据不同人的口味灵活调配	

续表

操作步骤	操作方法	注意事项	图示
注水	采用单手回转冲泡法往壶里注水,然后用左手拿起盖刮去壶里的浮沫	注水时控制好水流,水流不能过大,以免把茶叶冲出壶外	
出汤	右手持壶,将壶底残余的水吸干;倒入茶盅时,逆时针绕两圈,提壶再压低,待壶中的茶汤流尽后轻点一下即可	壶里的茶汤要倒干净,否则会影响下一道茶汤的冲泡	
分茶	吸干茶盅底部残余的水分,将茶汤依次分入各品茗杯,七分满即可	1)待客型茶艺,茶汤应倒七分满,不能倒太满 2)营销型茶艺,客人买茶试茶,可根据人数灵活分茶,确保所有客人都能品尝到每一道茶汤	
奉茶	吸干品茗杯底残余的水分,按从左到右的顺序奉茶,并行伸掌礼	1)奉茶次序一般为从左到右,先宾后主,女士、老人、儿童、上级领导优先 2)若用茶夹提杯,奉茶时先用开水烫洗茶夹并轻扣一下	

续表

操作步骤	操作方法	注意事项	图示
品饮	1）品饮时应分三口，在口腔里细品慢啜，品完也可闻杯底香 2）向客人介绍每一道混饮茶汤的品质特征	品饮时注意茶汤的温度，若温度过高则不宜品尝，以免烫伤口腔	
净具	1）收拾好茶具，进行清洗并消毒 2）整理茶桌，重新布置茶席，摆放好各种器具	及时处理损坏的茶具	

3. 调饮红茶冲泡技艺

冲泡红茶或品饮红茶茶汤时没有添加任何配料的饮法，称为清饮法。冲泡红茶时，在茶汤中加入配料以佐汤味的饮法称为调饮法。红茶适于清饮，也适于调饮。调饮红茶可用的配料极为丰富，调出的饮品也丰富多样，风味各异，深受现代消费者的青睐。下面以冲泡冰红茶为例，介绍调饮红茶的冲泡技艺。

冰红茶的冲泡方法很多，最常用的是急速冷却冲泡法。这种方法是将加倍浓度的热红茶直接用过滤网冲入装有 6～7 分满碎冰块的玻璃杯中，一边轻轻搅拌使之冷却，一边再放入冰块调整温度，最后加入适量糖浆即可饮用。因为是把泡好的热红茶直接从茶壶中倒入杯中进行急速冷却，所以香气和滋味都不易逸散。

（1）冰红茶冲泡流程。

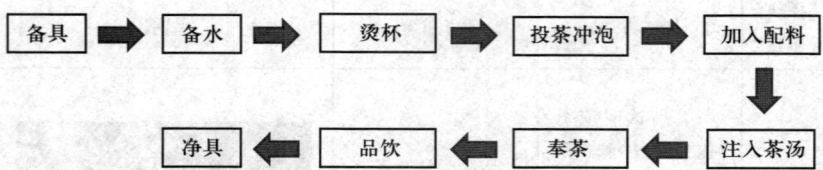

（2）冰红茶冲泡操作方法（见表3-6）。

表3-6　　　　　　　　冰红茶冲泡操作方法

操作步骤	操作方法	注意事项	图示
备具	1）把泡茶所需的器具准备好：茶盘、玻璃壶、赏茶碟、煮水器、茶道组、茶罐、茶洗、茶巾、玻璃杯等 2）整理并布置好茶席	1）使用玻璃杯，其他器具材质应相同，符合该茶类的冲泡要求 2）茶具的摆放应美观且方便操作	
备水	准备好山泉水或纯净水，并烧至100℃	冲泡时应选用初沸的水，水温不能过高	
烫杯	往玻璃杯中注入1/3开水进行烫杯	摇玻璃杯要用力均匀，确保烫到杯中每一个部分	

续表

操作步骤	操作方法	注意事项	图示
投茶冲泡	将散茶或红碎茶投入壶中，注水冲泡	茶水比例一般为1∶15，可根据品饮人数、口味灵活选用，调饮茶的茶汤应相对较浓	
加入配料	把冰块、糖浆置入玻璃杯中	冰块适量，糖浆不宜过多。要根据客人的口味而定	
注入茶汤	把经过过滤、冷却的红茶茶汤直接倒入装有冰块和糖浆的玻璃杯中	待茶汤冷却再品饮	
奉茶	杯子边沿插入柠檬片进行装饰，把吸管放入杯中，按从左到右的顺序奉茶，并行伸掌礼	奉茶次序一般为从左到右，先宾后主，女士、老人、儿童、上级领导优先	
品饮	用吸管品饮茶汤	品饮时摇动杯子，使茶汤与冰块充分接触	
净具	1）收拾好茶具，进行清洗并消毒 2）整理茶桌，重新布置茶席，摆放好各种器具	及时处理损坏的茶具	

第3单元 六大茶类冲泡技艺

模块4　白茶冲泡技艺

一、茶具选配

白茶冲泡方法与绿茶基本相同，因其未经揉捻且白毫披身，冲泡时既不会破坏酶的活性，又不会促进氧化作用，且可保持毫香显现，汤味鲜爽。

茶具选用：精美透明玻璃杯、盖碗、瓷壶等。

二、水温、茶水比例

1. 冲泡细嫩的白毫银针时水温要达到85~90 ℃，冲泡一般白茶时水温要达到95 ℃左右，老白茶用沸水进行冲泡。

2. 茶水比例一般为1∶50左右。根据器具容量、茶叶品种、饮茶习惯灵活选用。

三、冲泡程序

1. 白毫银针冲泡技艺

（1）白毫银针冲泡流程。

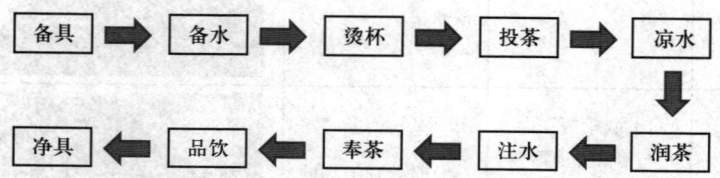

（2）白毫银针冲泡操作方法（见表3-7）。

表 3–7　　　　　白毫银针冲泡操作方法

操作步骤	操作方法	注意事项	图示
备具	1）把泡茶所需的器具准备好：茶盘、玻璃杯、赏茶碟、煮水器、凉水杯、茶道组、茶罐、茶洗、茶巾等 2）整理并布置好茶席	1）使用晶莹剔透的玻璃杯，其他器具材质应相同，符合该茶类的冲泡要求 2）茶具的摆放应美观且方便操作	
备水	准备好山泉水或纯净水，并烧至100℃，同时准备一壶凉开水	冲泡时水温在95℃左右即可，不能过高	
烫杯	1）用开水注入玻璃杯后进行烫杯 2）另一种快速烫杯方法是直接用开水淋烫	若直接用开水淋烫，须用干净的茶巾擦干玻璃杯外部	
投茶	用茶匙取茶叶放入茶荷中，再投入玻璃杯中	1）包装好的茶叶不能用手解包装袋，应用剪刀剪开，不能将茶叶挤碎 2）茶水比例一般为1∶50左右，根据器具容量、茶叶品种、饮茶习惯灵活选用	

续表

操作步骤	操作方法	注意事项	图示
凉水	先把水烧开，再把准备好的凉开水倒入开水中	水温应控制在85℃左右	
润茶	先倒入1/4的水，然后拿起杯摇动两下	让茶叶充分浸润	
注水	采用单手回旋冲泡法注水至七分满	提壶位置适当高一点，使茶叶在杯中翻滚	
奉茶	吸干杯底残余的水分，按从左到右的顺序奉茶，并行伸掌礼	奉茶次序一般为从左到右，先宾后主，女士、老人、儿童、上级领导优先	
品饮	1）引导客人细啜慢品并观赏茶舞 2）向客人介绍每一道茶汤的品质特征	1）白茶一般浸泡约8 min才能品饮，品饮时注意茶汤的温度，若温度过高则不宜品尝，以免烫伤口腔 2）注意续水技巧和讲解引导	
净具	1）收拾好茶具，进行清洗并消毒 2）整理茶桌，重新布置茶席，摆放好各种器具	及时处理损坏的茶具	

> **小提示**
>
> 白毫银针因其未经揉捻，茶汤不易浸出，冲泡时间宜长。冲水后一般经过5~6 min茶芽才会慢慢沉底，冲水后须等待8 min左右再饮用，才能尝到白茶的本色、真香、全味。还应注意续水要及时，方法与绿茶相同。

2. 白牡丹冲泡技艺

（1）白牡丹冲泡流程。

备具 ➡ 备水 ➡ 温壶烫杯 ➡ 投茶 ➡ 润茶 ➡ 再次注水 ➡ 出汤 ➡ 分茶 ➡ 奉茶 ➡ 品饮 ➡ 净具

（2）白牡丹冲泡操作方法（见表3-8）。

表3-8　　　　　白牡丹冲泡操作方法

操作步骤	操作方法	注意事项	图示
备具	1）把泡茶所需的器具准备好：茶盘、瓷壶、茶盅、品茗杯、杯托、赏茶碟、煮水器、茶道组、茶罐、茶洗、茶巾等 2）整理并布置好茶席	1）使用瓷壶，其他器具材质应相同，符合该茶类的冲泡要求 2）茶具的摆放应美观且方便操作	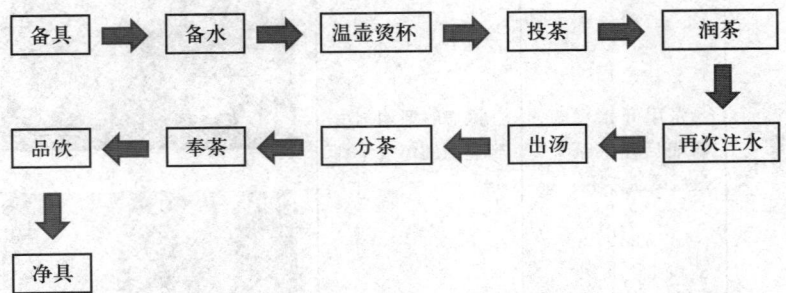

续表

操作步骤	操作方法	注意事项	图示
备水	准备好山泉水或纯净水,并烧至100 ℃	水温可达到100 ℃	
温壶烫杯	先用开水烫壶,摇壶后注入茶盅,最后烫品茗杯	烫壶时要均匀烫到壶内的每一个部分	 
投茶	揭开壶盖,用茶匙取茶叶装入茶荷,将茶漏放置于壶口,然后投入茶叶	1)包装好的茶叶不能用手解包装袋,应用剪刀剪开,茶叶不能被挤碎 2)投茶量一般为5 g,茶水比例为1∶30	
润茶	采用单手回转冲泡法往壶里注水,用左手拿起盖刮去壶里的浮沫,马上倒出茶汤	1)控制好注水水流,不能将茶叶冲出壶外 2)注水后应马上出汤,不能浸泡	

续表

操作步骤	操作方法	注意事项	图示
再次注水	采用单手回转冲泡法再次往壶里注入沸水	水应注满	
出汤	右手持壶，将壶底残余的水吸干；倒入茶盅时，逆时针绕两圈，提壶再压低后停留片刻，待壶中的茶汤流尽后轻点一下即可	1）手指不能把壶钮上的气孔按住 2）壶里的茶汤要倒干，这样才不会影响下一道茶汤的冲泡	 
分茶	吸干茶盅底部残余的水分，将茶汤依次分入品茗杯，七分满即可	每杯茶汤分配的量要一致	
奉茶	将杯底残余的水吸干后，按从左到右的顺序奉茶，并行伸掌礼	奉茶次序一般为从左到右，先宾后主，女士、老人、儿童、上级领导优先	

续表

操作步骤	操作方法	注意事项	图示
品饮	1）品饮时应分三口，在口腔里细品慢啜，品完也可闻杯底香 2）向客人介绍每一道茶汤的品质特征	品饮时注意茶汤的温度，若温度过高则不宜品尝，以免烫伤口腔	
净具	1）收拾好茶具，进行清洗并消毒 2）整理茶桌，重新布置茶席，摆放好各种器具	及时处理损坏的茶具	

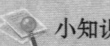 小知识

老白茶一般采用煮水器进行慢煮，这样味道才会更佳。

模块5　黄茶冲泡技艺

一、茶具选配

　　黄茶与绿茶的茶性相似，所以在冲泡品饮时，可参考绿茶的方法。君山银针、蒙顶黄芽、霍山黄芽等均由单芽加工制成，最宜用

玻璃杯泡饮。而广东大叶青、霍山黄大茶、皖西黄大茶等均由1芽3~4叶甚至1芽5叶的粗大新梢加工而成,其茶形外观不雅,且冲泡时要求水温较高,保温时间长,所以宜用瓷壶冲泡后,斟入茶杯再饮。

茶具选用:精美透明玻璃杯或瓷壶等。

二、水温、茶水比例

1. 在冲泡黄芽茶时,蒙顶黄芽、霍山黄芽可用75~85 ℃的水冲泡。君山银针是最具观赏价值的名茶之一,为了能充分领略其在玻璃杯中的美妙茶姿,要用95 ℃以上的水冲泡,并且在冲入开水后要立即盖上一块玻璃片。

2. 茶水比例一般为1∶50左右。根据器具容量、茶叶品种、饮茶习惯灵活调配。

三、冲泡程序

1. **黄茶冲泡流程(以君山银针为例)**

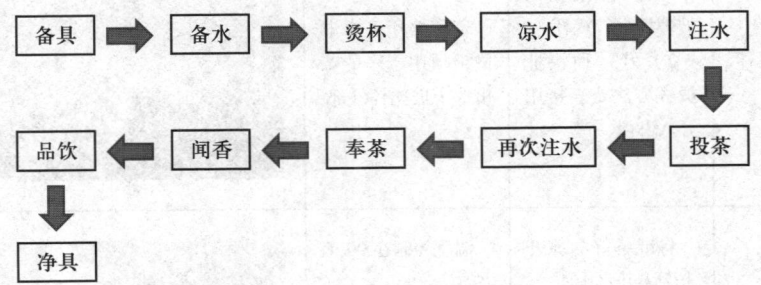

2. 黄茶冲泡操作方法（见表3-9）

表3-9 黄茶冲泡操作方法

操作步骤	操作方法	注意事项	图示
备具	1）把泡茶所需的器具准备好：茶盘、玻璃杯、赏茶碟、煮水器、凉水杯、茶道组、茶罐、茶洗、茶巾等 2）整理并布置好茶席	1）使用晶莹剔透的玻璃杯，其他器具材质应相同，符合该茶类的冲泡要求 2）茶具的摆放应美观且方便操作	
备水	准备好山泉水或纯净水，并烧至100℃	冲泡水温在95℃左右即可，水温不能过高	
烫杯	1）将开水注入玻璃杯进行烫杯 2）另一种快速烫杯方法是直接用开水淋烫	若直接用开水淋烫，须用干净的茶巾擦干玻璃杯外部	
凉水	将准备好的凉开水倒入开水中	温度控制在90℃左右	
注水	采用单手回转冲泡法注水	控制好水流	

第 3 单元　六大茶类冲泡技艺

续表

操作步骤	操作方法	注意事项	图示
投茶	用茶匙取茶叶放入茶荷中，再投入玻璃杯中	1）包装好的茶叶不能用手解包装袋，应用剪刀剪开，茶叶不能被挤碎 2）茶水比例一般为 1∶50 左右，根据器具容量、茶叶品种、饮茶习惯灵活选用	
再次注水	先倒入 1/4 水，然后拿起杯摇动两下，让茶叶充分浸润；再继续往杯中注水至七分满	提壶适当高一点，使茶叶在杯中翻滚	
奉茶	吸干杯底残余的水分，按从左到右的顺序奉茶，并行伸掌礼	奉茶次序一般为从左到右，先宾后主，女士、老人、儿童、上级领导优先	 

· 125

续表

操作步骤	操作方法	注意事项	图示
闻香	拿起玻璃杯在鼻子下端深呼吸,闻香不能超过3 s	闻香时不能说话,待玻璃杯移开后方能吐气	
品饮	1）引导客人细啜慢品并观赏茶舞 2）向客人介绍每一道茶汤的品质特征	1）品饮时注意茶汤的温度,若温度过高则不宜品尝,以免烫伤口腔 2）注意续水技巧和讲解引导	
净具	1）收拾好茶具,进行清洗并消毒 2）整理茶桌,重新布置茶席,摆放好各种器具	及时处理损坏的茶具	

> **小提示**
>
> 冲泡君山银针续水要及时,方法与采用玻璃杯冲泡绿茶相同。

模块 6 黑茶冲泡技艺

一、茶具选配

普洱茶是最讲究冲泡（煮泡）技巧和品饮艺术的黑茶类，在冲泡（煮泡）普洱的过程中，除了要注意展示茶的色、香、味、韵之外，还要特别追求普洱的新鲜自然，即要选用在干仓条件下自然陈化的优质普洱，而不要选用通过泼水渥堆快速发酵生产的普洱"熟饼"。

> **小知识**
>
> 要鉴别是干仓陈年普洱还是湿仓速成普洱可以进行如下对比：干仓陈年普洱外形结实有光泽，香气陈香浓郁或陈香纯正，汤色栗黄明亮或栗红明亮，叶底活性柔软；而湿仓速成普洱外形暗淡松脆，香气混浊，有霉味或土腥味，汤色呈暗栗色或发黑，叶底暗栗发黑。普洱茶若冲泡（煮泡）不得法，其香味会稍纵即逝，所以宜用滚沸的开水快速冲泡，快速出汤。

茶具选用：砖形黑茶多选用陶壶；普洱茶选用紫砂壶最佳，瓷壶、盖碗次之。

二、水温、茶水比例

1. 为了使黑茶中的营养物质充分溶解出来，必须使用100 ℃的沸水。

2. 茶水比例一般为1∶20～1∶15。根据器具容量、茶叶品种、饮茶习惯灵活调配。

三、冲泡程序

1. 陈年普洱茶的煮泡

（1）陈年普洱茶煮泡流程。

（2）陈年普洱茶煮泡操作方法（见表3-10）。

表3-10　　　　　陈年普洱茶煮泡操作方法

操作步骤	操作方法	注意事项	图示
备具	1）把泡茶所需的器具准备好：茶盘、煮水器、品茗杯、赏茶碟、茶道组、茶罐、茶洗、茶巾等 2）整理并布置好茶席	1）使用煮水器，其他器具材质应相同，符合该茶类的冲泡要求 2）茶具的摆放应美观且方便操作	
备水	准备好山泉水或纯净水	冲泡水温应达到100 ℃	
温壶烫杯	先向煮水器中注入开水进行烫洗，然后注入品茗杯进行烫洗	煮水器的插头不能接触水	

续表

操作步骤	操作方法	注意事项	图示
投茶	揭开壶盖，用茶匙取茶叶装入煮水器中	1）包装好的茶叶不能用手解包装袋，应用剪刀剪开，不能将茶叶挤碎 2）茶叶应放在煮水器内的上层，不能直接放入壶内	
注水	直接往煮水器内注水至指定的量	水不能超过指定的量	
熬茶	按下煮茶开关，煮沸后自动停止	设定适宜的煮茶时间	
分茶	直接用煮水器依次分入各品茗杯，倒入七分满即可	待客型茶艺，茶汤应倒七分满，不能倒太满	

续表

操作步骤	操作方法	注意事项	图示
奉茶	将品茗杯底残余的水吸干后，按从左到右的顺序奉茶，并行伸掌礼	1）奉茶次序一般为从左到右，先宾后主，女士、老人、儿童、上级领导优先 2）若用茶夹提杯，奉茶时先用开水烫洗茶夹并轻扣一下	
品饮	1）品饮时应分三口，在口腔里细品慢啜，品完也可闻杯底香 2）向客人介绍每一道茶汤的品质特征	品饮时注意茶汤的温度，若温度过高则不宜品尝，以免烫伤口腔	
净具	1）收拾好茶具，进行清洗并消毒 2）整理茶桌，重新布置茶席，摆放好各种器具	及时处理损坏的茶具	

2. 普洱茶的冲泡

（1）普洱茶冲泡流程。

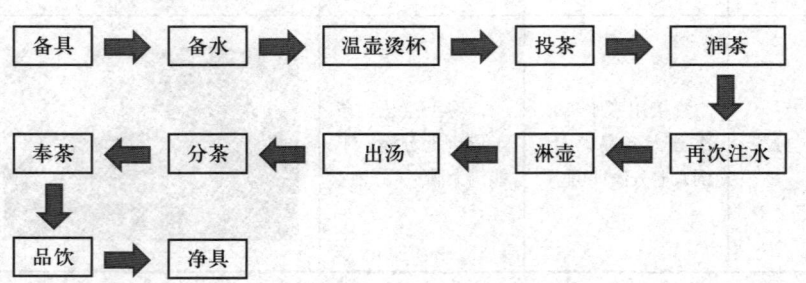

（2）普洱茶冲泡操作方法（见表3–11）。

表 3–11　　　　　　　普洱茶冲泡操作方法

操作步骤	操作方法	注意事项	图示
备具	1）把泡茶所需的器具准备好：茶盘、紫砂壶、品茗杯、杯托、赏茶碟、煮水器、茶道组、茶罐、茶洗、茶巾等 2）整理并布置好茶席	1）使用紫砂壶，其他器具材质应相同，符合该茶类的冲泡要求 2）茶具的摆放应美观且方便操作	
备水	准备好山泉水或纯净水，并烧至100 ℃	应使用沸水冲泡，但水不能过老	
温壶烫杯	先用开水淋洗紫砂壶的外部，然后揭开壶盖，注水至壶内，进行摇壶，最后烫洗品茗杯	烫壶时要均匀烫至壶内的每一个部分	
投茶	把盖揭开，用茶匙取茶叶装入茶荷，将茶漏放置于紫砂壶壶口，然后投茶	包装好的茶叶不能用手解包装袋，应用剪刀剪开，不能将茶叶挤碎	

续表

操作步骤	操作方法	注意事项	图示
润茶	采用单手回转冲泡法往壶里注水,然后用左手拿起盖刮去壶里的浮沫,并马上倒出茶汤	1)注水应控制好水流,水流不能过大,以免把茶叶冲出壶外 2)注水后应马上出汤,不能浸泡	
再次注水	采用单手回转冲泡法再次往壶里注入沸水	水应注满	
淋壶	用润茶的茶汤沿壶盖至壶钮逆时针淋紫砂壶	淋壶不能用冷水	
出汤	右手持壶,将壶底残余的水吸干;倒入茶盅时,逆时针绕两圈,提壶再压低后停留片刻,待壶中的茶汤流尽后轻点一下即可	1)手指不能把紫砂壶壶钮上的气孔按住 2)紫砂壶里的茶汤必须要倒干,这样才不会影响下一道茶汤的冲泡	

续表

操作步骤	操作方法	注意事项	图示
分茶	吸干茶盅底残余的水,将茶汤依次分入品茗杯中	茶汤注入品茗杯七分满即可	
奉茶	吸干品茗杯底残余的水,按从左到右的顺序奉茶,并行伸掌礼	1)奉茶次序一般为从左到右,先宾后主,女士、老人、儿童、上级领导优先 2)若用茶夹提杯,奉茶时应先用开水烫洗茶夹并轻扣一下	 
品饮	1)品饮时应分三口,在口腔里细品慢啜,品完也可闻杯底香 2)向客人介绍每一道茶汤的品质特征	品饮时注意茶汤的温度,若温度过高则不宜品尝,以免烫伤口腔	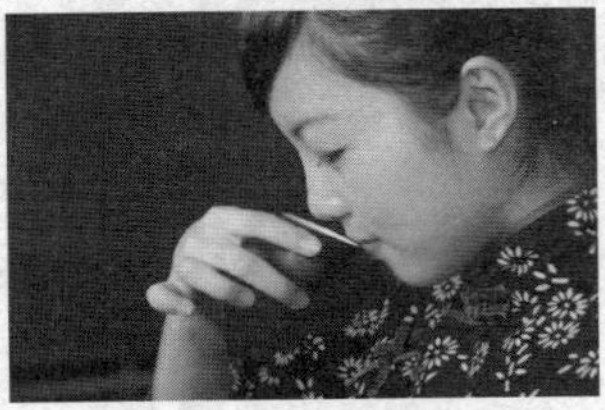
净具	1)收拾好茶具,进行清洗并消毒 2)整理茶桌,重新布置茶席,摆放好各种器具	及时处理损坏的茶具	

> **小知识**
>
> 1. 冲泡普洱茶要求水温、器温双高，只有这样才能发挥普洱茶的陈香之韵，在冲泡前要先用开水温壶烫杯，以提高器具的温度。
>
> 2. 普洱茶一般可以冲泡8~9道，第一道一般为1 min左右，往后每一道冲泡时间延长10~20 s。

【综合测试】

一、测试内容

六大茶类冲泡技艺。

二、测试准备

1. 实训场地准备：茶艺实训室，配备长桌及椅子。

2. 实训材料及器具的准备：茶盘、玻璃杯、盖碗、赏茶碟、杯托、煮水器、凉水杯、品茗杯、茶道组、茶罐、茶洗、茶巾等。

三、考核表

考核内容	考核要点	配分	操作要求及评分标准	扣分	得分
礼仪、仪表、仪容（10分）	发型、服饰符合茶艺师要求	3	①发型、服饰与茶艺师要求不相符，扣3分 ②发型散乱，扣2分 ③服饰穿戴不整齐，扣1分		
	形象自然、得体、优雅，冲泡过程中表情自然，具有亲和力	3	①视线不集中，表情平淡，不注重礼貌用语的使用，扣3分 ②视线低垂，表情不自然，扣2分 ③言谈举止略显惊慌，扣1分		
	站姿、走姿、坐姿端正大方，操作规范	4	①站姿、走姿摇摆，坐姿不端正，有多余动作，扣4分 ②走姿摇摆，坐姿不端正，双腿张开，扣2~3分 ③手势中有明显多余的动作，扣1分		

续表

考核内容	考核要点	配分	操作要求及评分标准	扣分	得分
茶席设计（10分）	茶具选配符合该茶类要求，各茶具功能、质地、形状、色彩协调	7	①茶具选配不符合该茶类要求，扣3分 ②茶具配套不齐全，或有多余的茶具，扣2分 ③茶具色彩不协调，扣1分 ④茶具质地、形状、大小不一致，扣1分		
	茶席布置与茶具排列有序、合理	3	①茶席布置不协调，扣1~2分 ②茶具配套齐全，茶具、茶席符合科学美观、方便操作的原则，但不够协调，扣1分		
冲泡技艺（35分）	冲泡程序正确，投茶量适中，水温、冲水量及时间把握合理	15	①冲泡程序不符合茶理，顺序混乱或有遗漏，每次扣3分，扣完为止 ②操作过程中水洒出茶具外或茶叶掉落在外面，扣1~3分 ③未能正确掌握投茶量，扣1~3分 ④选择水温与茶叶不相符合，冲水量过多或过少，扣1~3分 ⑤操作过程中，器具碰撞发出声音，扣1~3分		
	操作动作连续，双手协调，自然顺畅，过程完整	15	①动作未能连续完成，中断或出错三次以上，扣6分，扣完为止 ②动作能基本顺利完成，中断或出错两次以下，扣2~4分 ③冲泡时双手不协调，冲泡过程不自然顺畅，扣1~3分 ④脸部表情僵硬，扣1分		

续表

考核内容	考核要点	配分	操作要求及评分标准	扣分	得分
冲泡技艺（35分）	奉茶姿态、姿势自然，言辞恰当	3	①奉茶姿态不端正，次序混乱，扣3分 ②奉茶姿态端正，但次序混乱，扣1~2分 ③奉茶时不注重使用礼貌用语，扣1分		
	冲泡完毕，清理工作台	2	①冲泡完毕，未清理工作台，扣2分 ②清理工作台，茶具未归回原位，摆放不合理，扣1~2分		
茶汤质量（25分）	茶汤色、香、味表达充分	15	①未能表达出茶汤的色、香、味，扣10分 ②能表达出茶汤的色、香、味其一者，扣7分 ③能表达出茶汤的色、香、味其二者，扣4分 ④能表达出茶汤的色、香、味，但尚有欠缺，扣2分		
	茶汤适量，温度适宜	10	①茶汤量过多或过少，扣2分 ②杯中茶汤水位不一致，扣2分 ③茶汤温度过高或过低，扣3分 ④茶汤过浓或过淡，扣3分		
品饮（20分）	能为客人准确讲解每一道茶汤的品质特征，续水及时	20	①未能准确地为客人讲解每一道茶汤的品质特征，续水不及时，扣20分 ②能比较正确地为客人讲解每一道茶汤的品质特征，续水不够及时，扣8~15分，扣完为止 ③能正确地为客人讲解每一道茶汤的品质特征，但不够详细，续水及时，扣5~8分		
合计					

注：该测试的操作时间为30 min，每超过1 min扣1分，扣完为止。

第 4 单元
花茶、花草茶及袋泡茶冲泡技艺

模块 1　花茶冲泡技艺

一、茶具选配

花茶融茶之韵与花之香为一体，所以冲泡花茶的基本要领是使茶尽展其神韵且使花的香味不散失，要做到这一点，首先要鉴赏花茶茶坯的品种及质地。以乌龙茶为茶坯窨制的花茶，宜采用乌龙茶的泡法。以红茶为茶坯窨制的花茶主要是玫瑰红茶，玫瑰的花香甜蜜而浓郁，与红茶的蜜糖香味或桂圆香味相配伍，两种香相互交融、相得益彰，闻之使人精神愉悦，饮之令人齿颊留芳，玫瑰红茶宜用精巧的三才杯（盖碗）来冲泡。一般的花茶多以烘青绿茶为茶坯，在冲泡时应根据茶坯的细嫩程度及条形来选择器具及冲泡方法。

茶具选用：以乌龙茶、普洱茶为茶坯窨制的花茶，选用青花瓷壶、茶杯、紫砂壶等；以红茶、黄茶、绿茶、白茶为茶坯窨制的花茶，选用青花瓷盖碗、玻璃杯、瓷壶等；低档茶或茶末（北方叫高末）宜选用瓷壶、飘逸杯等。

二、水温、茶水比例

1. 根据不同茶坯原料，选择不同的水温

以乌龙茶、普洱茶为茶坯的，应用沸水冲泡；以高档红茶、黄茶、绿茶、白茶为茶坯的，宜用 80～90 ℃ 的水冲泡；以中档红茶、黄茶、绿茶、白茶为茶坯的，可选用 95～100 ℃ 的水冲泡；低档茶或茶末，一般宜用沸水冲泡。

2. 茶水比例

根据茶坯原料不同，可按器具容量、饮茶习惯等灵活调配。

三、花茶冲泡程序

1. 花茶冲泡流程（以高档绿茶为茶坯的茉莉花茶为例）

备具 ➡ 备水 ➡ 烫杯 ➡ 投茶 ➡ 凉水 ➡ 润茶 ➡ 再次注水 ➡ 奉茶 ➡ 闻香 ➡ 品饮 ➡ 净具

2. 花茶冲泡操作方法（见表 4-1）

表 4-1　　　　　　　　花茶冲泡操作方法

操作步骤	操作方法	注意事项	图示
备具	1）把泡茶所需的器具准备好：茶盘、盖碗、赏茶碟、杯托、煮水器、凉水杯、茶道组、茶罐、茶洗、茶巾等 2）整理并布置好茶席	1）要使用三才杯，器具材质相同，符合该茶类的冲泡要求 2）茶具的摆放应美观且方便操作	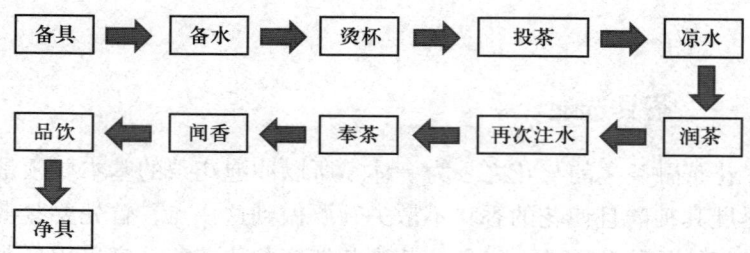
备水	准备好山泉水或纯净水，并烧至 100 ℃，同时准备一壶凉开水	水温在 85 ℃ 左右即可，不能过高	

续表

操作步骤	操作方法	注意事项	图示
烫杯	1）右手揭盖，将盖轻搭在杯托上 2）右手持壶用单手回转冲泡法向碗内注1/3的水 3）右手拿盖碗，左手轻托盖碗底，逆时针转动，使开水均匀烫到盖碗内每一个部分	使开水均匀烫到盖碗内每一个部分	  
投茶	先把盖揭开，用茶匙取茶叶放入茶荷中，再依次拨入各个盖碗中	1）包装好的茶叶不能用手解包装袋，应用剪刀剪开，不能将茶叶挤碎 2）茶水比例一般为1∶50左右，每杯投茶约3g，可根据器具容量、茶叶品种、饮茶习惯灵活选用	

续表

操作步骤	操作方法	注意事项	图示
凉水	1）先把水烧开，再注入凉开水 2）用保温壶直接冷却	根据茶叶原料的老嫩，掌控好水温	
润茶	注水至盖碗的1/3，盖好盖后轻摇，使茶叶充分吸水	水温控制在85 ℃左右	
再次注水	往各盖碗内再次注水至八分满	水温控制在85 ℃左右	
奉茶	双手端盖碗置于客人面前，按从左到右的顺序奉茶，并行伸掌礼	奉茶次序一般为从左到右，先宾后主，女士、老人、儿童、上级领导优先	
闻香	拿起杯盖在鼻子下端深呼吸，闻香不能超过3 s	闻香时不能说话，待杯盖移开后方能吐气	

续表

操作步骤	操作方法	注意事项	图示
品饮	1）先拨茶，再细品慢啜，拨茶时应从左到右拨 2）向客人介绍每一道茶汤的品质特征	1）品饮时注意茶汤的温度，若温度过高则不宜品尝，以免烫伤口腔 2）注意续水技巧和讲解引导	
净具	1）收拾好茶具，进行清洗并消毒 2）整理茶桌，重新布置茶席，摆放好各种器具	及时处理损坏的茶具	

小知识

品饮花茶特别讲究"一看、二闻、三品味"，即"目品、鼻品、口品"。

小提示

用盖碗品花茶要注意及时续水。

模块 2　花草茶冲泡技艺

一、茶具选配

花草茶可分为工艺造型花茶和养生花草茶。工艺造型花茶是将一些干花和茶叶进行人工捆绑和造型，达到花中有茶、茶中有花的效果，极具观赏性，主要以提供观赏价值为主要目的。另一种是具有保健养生作用的养生花草茶，是将具有保健功能的花草投入杯中直接饮用，不添加茶叶。在品饮以上两种花草茶时都能领略杯中花的绽放、果的复苏，还可以自由地用花草进行造型装饰和色彩搭配，这无疑是一种日常生活中的艺术创作，为品茗增添不少乐趣。

茶具选用：工艺造型花茶选用玻璃杯；养生花草茶选用玻璃杯、瓷壶或玻璃壶。

二、水温、茶水比例

1. 一般宜选用沸水。
2. 养生花草茶的茶水比例应根据花草的保健功能进行调配。工艺造型花茶可根据品种、饮茶习惯进行灵活调配。

三、花草茶冲泡程序

1. 花草茶冲泡流程（以玉蝴蝶为例）

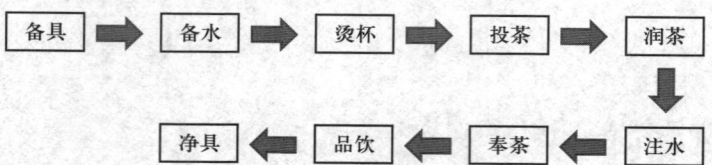

第4单元　花茶、花草茶及袋泡茶冲泡技艺

2. 花草茶冲泡操作方法（见表4-2）

表4-2　　　　　　花草茶冲泡操作方法

操作步骤	操作方法	注意事项	图示
备具	1）把泡茶所需的器具准备好：茶盘、玻璃杯、赏茶碟、煮水器、茶道组、茶罐、茶洗、茶巾等 2）整理并布置好茶席	1）使用晶莹剔透的玻璃杯，其他器具材质应相同，符合该茶类的冲泡要求 2）茶具的摆放应美观且方便操作	
备水	准备好山泉水或纯净水，并烧至100℃	冲泡水温不能过高	
烫杯	1）将开水注入玻璃杯进行烫杯 2）另一种快速烫杯方法是直接用开水淋烫	若直接用开水淋烫，须应用干净的茶巾擦干玻璃杯外部	
投茶	用剪刀剪开包装袋后，投入玻璃杯中	茶水比例应根据花草茶的保健功能进行调配	
润茶	注水至玻璃杯的1/3处，轻摇几下后迅速出汤	注水后应马上出汤，不能浸泡	

续表

操作步骤	操作方法	注意事项	图示
注水	往杯中注水至七分满	浸泡1~2 min后即可奉茶	
奉茶	将杯底残余的水吸干后，按从左到右的顺序奉茶，并行伸掌礼。	奉茶次序一般为从左到右，先宾后主，女士、老人、儿童、上级领导优先	
品饮	1）引导客人细啜慢品 2）向客人介绍花草茶的养生功效	1）品饮时注意茶汤的温度，若温度过高则不宜品尝，以免烫伤口腔 2）注意续水技巧和讲解引导	
净具	1）收拾好茶具，进行清洗并消毒 2）整理茶桌，重新布置茶席，摆放好各种器具	及时处理损坏的茶具	

> **小知识**
>
> 其他工艺造型花茶的冲泡与玉蝴蝶的冲泡方式基本相同。菊花茶、绞股蓝等养生花草茶可以采用瓷壶进行冲泡,其方法与冲泡浓香型乌龙茶相同。

> **小提示**
>
> 花草茶似茶非茶,茶水比例应根据花草茶的保健功能进行调配。不同花草的保健功效不同,不能随便搭配,不同人的体质有差别,不能随便品饮,应根据个人的体质进行科学品饮。

模块3 袋泡茶冲泡技艺

一、茶具选配

袋泡茶具有方便、快捷的特点,一般用于餐饮业、酒店,或在接待客人较多时冲泡。

茶具选用:瓷壶、玻璃壶、飘逸杯、玻璃杯等。

二、茶水比例、水温

袋泡茶冲泡宜选用沸水,茶水比例一般为1∶60~1∶50。冲泡时根据人数的多少、壶的容量投放茶包。

三、冲泡程序

1. 玻璃壶冲泡技艺

(1)袋泡茶冲泡流程。

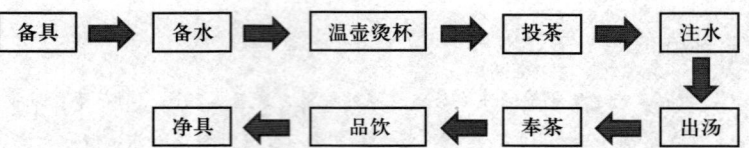

(2)袋泡茶冲泡操作方法（见表4-3）。

表4-3　　　　　　　袋泡茶冲泡操作方法

操作步骤	操作方法	注意事项	图示
备具	1）把泡茶所需的器具准备好：茶盘、玻璃壶、品茗杯、茶道组、煮水器、茶巾、托盘等 2）整理并布置好茶席	1）使用晶莹剔透的玻璃壶，其他器具材质应相同，符合该茶类的冲泡要求 2）茶具的摆放应美观且方便操作	
备水	准备好山泉水或纯净水，并烧至100℃	冲泡时应使用沸水，但水不能过老	
温壶烫杯	将开水注入玻璃壶后，再倒入品茗杯进行烫杯	应均匀烫到玻璃壶内的每一个部分	
投茶	用茶夹直接夹住茶包投入壶里	茶水比例一般为1:60~1:50，冲泡时根据人数的多少、壶的容量投放茶包	

第4单元 花茶、花草茶及袋泡茶冲泡技艺

续表

操作步骤	操作方法	注意事项	图示
注水	往壶中注水至七分满	浸泡2 min左右	
出汤	将壶轻摇几下，使茶汤浓度均匀一致，将茶汤直接分到各杯	每杯七分满	
奉茶	将杯底残余的水吸干后，按从左到右的顺序奉茶，并行伸掌礼	奉茶次序一般为从左到右，先宾后主，女士、老人、儿童、上级领导优先	
品饮	引导客人细啜慢品	品饮时注意茶汤的温度，若温度过高则不宜品尝，以免烫伤口腔	
净具	1）收拾好茶具，进行清洗并消毒 2）整理茶桌，重新布置茶席，摆放好各种器具	及时处理损坏的茶具	

· 147

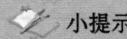 **小提示**

袋泡茶一般只能冲泡 1～2 次，多则淡而无味。

2. 玻璃杯冲泡技艺

（1）袋泡茶冲泡流程。

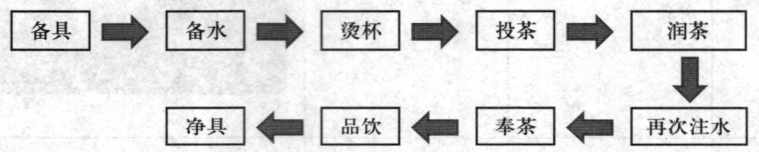

（2）袋泡茶冲泡操作方法（见表 4–4）。

表 4–4　　　　　　　　袋泡茶冲泡操作方法

操作步骤	操作方法	注意事项	图示
备具	1）把泡茶所需的器具备好：茶盘、玻璃杯、茶道组、煮水器、茶巾、托盘等 2）整理并布置好茶席	1）使用晶莹剔透的玻璃杯，其他器具材质应相同，符合该茶类的冲泡要求 2）茶具的摆放应美观且方便操作	
备水	准备好山泉水或纯净水，并烧至 100 ℃	冲泡时应使用沸水，但水不能过老	
烫杯	将开水注入玻璃杯进行烫杯	均匀烫到玻璃杯内的每一个部分	

第4单元　花茶、花草茶及袋泡茶冲泡技艺

续表

操作步骤	操作方法	注意事项	图示
投茶	右手拿起袋泡茶提绳，将茶包直接投入玻璃杯中	提绳应放在杯外	
润茶	往杯中注入少量水，以没过茶包为宜	轻摇几下后倒掉润茶的茶汤	
再次注水	往杯中注入沸水至七分满，右手拿起袋泡茶的提绳做上下提拉动作	应使茶汤浓淡均匀	
奉茶	将杯底残余的水吸干后，按从左到右的顺序奉茶，并行伸掌礼	奉茶次序一般为从左到右，先宾后主，女士、老人、儿童、上级领导优先	
品饮	引导客人细啜慢品	1）品饮时注意茶汤的温度，若温度过高则不宜品尝，以免烫伤口腔 2）边品饮边提拉袋泡茶的提绳	

续表

操作步骤	操作方法	注意事项	图示
净具	1）收拾好茶具，进行清洗并消毒 2）整理茶桌，重新布置茶席，摆放好各种器具	及时处理损坏的茶具	

【综合测试】

一、测试内容

花茶、花草茶及袋泡茶冲泡技艺。

二、测试准备

1. 实训场地准备：茶艺实训室，配备长桌及椅子。

2. 实训材料及器具的准备：茶盘、盖碗、玻璃杯、赏茶碟、煮水器、凉水杯、品茗杯、茶道组、茶罐、茶洗、茶巾等。

三、考核表

考核内容	考核要点	配分	操作要求及评分标准	扣分	得分
礼仪、仪表、仪容（10分）	发型、服饰符合茶艺师要求	3	①发型、服饰与茶艺师要求不相符，扣3分 ②发型散乱，扣2分 ③服饰穿戴不整齐，扣1分		
	形象自然、得体、优雅，冲泡过程中表情自然，具有亲和力	3	①视线不集中，表情平淡，不注重礼貌用语的使用，扣3分 ②视线低垂，表情不自然，扣2分 ③言谈举止略显惊慌，扣1分		

第4单元 花茶、花草茶及袋泡茶冲泡技艺

续表

考核内容	考核要点	配分	操作要求及评分标准	扣分	得分
礼仪、仪表、仪容（10分）	站姿、走姿、坐姿端正大方，操作规范	4	①站姿、走姿摇摆，坐姿不端正，有多余动作，扣4分 ②走姿摇摆、坐姿不端正，双腿张开，扣2~3分 ③手势中有明显多余的动作，扣1分		
茶席设计（10分）	茶具选配符合该茶类要求，各茶具功能、质地、形状、色彩协调	7	①茶具选配不符合该茶类要求，扣3分 ②茶具配套不齐全，或有多余的茶具，扣2分 ③茶具色彩不协调，扣1分 ④茶具质地、形状、大小不一致，扣1分		
	茶席布置与茶具排列有序、合理	3	①茶席布置不协调，扣1~2分 ②茶具配套齐全，茶具、茶席符合科学美观、方便操作的原则，但不够协调，扣1分		
冲泡技艺（35分）	冲泡程序正确，投茶量适中，水温、冲水量及时间把握合理	15	①冲泡程序不符合茶理，顺序混乱或有遗漏，每次扣3分，扣完为止 ②操作过程中水洒出茶具外或茶叶掉落在外面，扣1~3分 ③未能正确掌握投茶量，扣1~3分 ④选择水温与茶叶不相符，冲水量过多或过少，扣1~3分 ⑤操作过程中，器具碰撞发出声音，扣1~3分		
	操作动作连续，双手协调，自然顺畅，过程完整	15	①动作未能连续完成，中断或出错三次以上，扣6分，扣完为止 ②动作能基本顺利完成，中断或出错两次以下，扣2~4分 ③冲泡时双手不协调，冲泡过程不自然顺畅，扣1~3分 ④脸部表情僵硬，扣1分		

续表

考核内容	考核要点	配分	操作要求及评分标准	扣分	得分
冲泡技艺（35分）	奉茶姿态、姿势自然，言辞恰当	3	①奉茶姿态不端正，次序混乱，扣3分 ②奉茶姿态端正，但次序混乱，扣1~2分 ③奉茶时不注重使用礼貌用语，扣1分		
	冲泡完毕，清理工作台	2	①冲泡完毕，未清理工作台，扣2分 ②清理工作台，茶具未归回原位，摆放不合理，扣1~2分		
茶汤质量（25分）	茶汤色、香、味表达充分	15	①未能表达出茶汤的色、香、味，扣10分 ②能表达出茶汤的色、香、味其一者，扣7分 ③能表达出茶汤的色、香、味其二者，扣4分 ④能表达出茶汤的色、香、味，但尚有欠缺，扣2分		
	茶汤适量，温度适宜	10	①茶汤量过多或过少，扣2分 ②杯中茶汤水位不一致，扣2分 ③茶汤温度过高或过低，扣3分 ④茶汤过浓或过淡，扣3分		
品饮（20分）	能为客人准确讲解每一道茶汤的品质特征，续水及时	20	①未能准确地为客人讲解每一道茶汤的品质特征，续水不及时，扣20分 ②能比较正确地为客人讲解每一道茶汤的品质特征，续水不够及时，扣8~15分，扣完为止 ③能正确地为客人讲解每一道茶汤的品质特征，但不够详细，续水及时，扣5~8分		
合计					

注：该测试的操作时间为30 min，每超过1 min扣1分，扣完为止。

第5单元 茶饮调配及煮茶

模块1 茶饮料及其分类

一、茶饮料概述

茶饮料既可指用水浸泡茶叶，经萃取、过滤、澄清等工艺制成的茶汤，也可指在茶汤中加入水、糖浆、酸味剂、食用香精、果汁或植（谷）物萃取液等调制而成的制品。茶饮料主要以茶叶的萃取液、浓缩液或茶粉为主要原料加工而成，具有茶叶的独特风味。

1. 营养价值与保健功效

茶饮料含有茶多酚、咖啡因等成分，具有抗氧化，预防心血管疾病、癌症和糖尿病等的作用。同时，咖啡因还可以提高注意力和警觉性。但瓶装茶饮料可能加入大量的糖或其他添加剂，这些成分可能对健康产生负面影响。因此，在购买瓶装茶饮料时，最好选择低糖或无糖的产品，并注意查看配料表。

2. 市场现状与发展趋势

目前，茶饮料已成为全球范围内备受欢迎的饮品。在中国，茶饮料市场也在不断扩大，各大品牌纷纷推出各种口味的茶饮料产品以满足消费者需求。从长远来看，茶饮料的发展须更加注重健康、营养和口感的提升,同时还要注重环保和可持续发展。

3. 消费趋势

随着消费者健康意识的提高,茶饮料的消费趋势也在不断变化。越来越多的消费者开始关注茶饮料的天然、无添加和功能性等特点。例如,一些消费者倾向于选择无糖或低糖的茶饮料,以避免过多摄入糖分;同时,一些功能性茶饮料,如添加了维生素、矿物质或植物提取物的产品也逐渐受到消费者的青睐。

4. 创新方向

为了满足消费者不断变化的需求,茶饮料行业也在不断创新。一方面,新的茶叶品种和制作工艺被引入到茶饮料中,为消费者带来了更加丰富的口感体验;另一方面,茶饮料与其他食材的结合也为行业带来了新的发展机遇。例如,将茶饮料与果汁、牛奶、咖啡等饮品结合,可以创造出更多口味独特、营养丰富的饮品。

5. 文化意义

茶饮料不仅是一种饮品,还承载着丰富的文化内涵。茶饮料在制作和饮用过程中,蕴含着中国传统的茶文化精髓。通过品尝茶饮料,人们可以更好地了解和传承茶文化,感受其独特的韵味和魅力。

6. 饮用建议

虽然茶饮料具有多种营养成分和保健功效,但是若饮用不当,可能会对身体健康造成负面影响。因此,在饮用时要注意以下几点。

(1)适量饮用。过量饮用茶饮料可能导致咖啡因摄入过多,引起失眠、心悸等症状。因此,建议每天茶饮料的饮用量控制在一定范围内。

(2)选择无糖或低糖产品。过多的糖分摄入可能增加患肥胖症、糖尿病等疾病的风险。因此，在选择茶饮料时，建议选择无糖或低糖的产品。

（3）关注配料表。在购买茶饮料时，建议仔细查看配料表，避免购买含有过多添加剂的产品。

总之，茶饮料作为一种健康、美味的饮品，在全球范围内受到了广泛的欢迎。随着消费者健康意识的提高和行业的不断创新发展，茶饮料的市场前景将更加广阔。在享受美味的同时，人们也应关注其健康价值和文化内涵，让茶饮料成为生活中的一部分。

二、茶饮料的分类

1. 基底茶叶类型

（1）绿茶饮料：以绿茶为主要原料制成，口感清新，有助于消除疲劳。

（2）红茶饮料：以红茶为主要原料制成，口感浓郁，有助于提神醒脑。

（3）乌龙茶饮料：以乌龙茶为主要原料制成，口感醇厚，有助于降低血脂和血糖。

（4）花茶饮料：以茉莉花、玫瑰花、菊花等花朵为主要原料制成，口感芳香，有助于舒缓情绪。

2. 原辅料种类和加工方法

根据原辅料种类和加工方法不同，茶饮料可分为：茶汤、复（混）合茶饮料、茶浓缩液、调味茶饮料。调味茶饮料可进一步细分为：果汁茶饮料、果味茶饮料、奶茶饮料、奶味茶饮料、碳酸茶饮料、其他调味茶饮料等。

3. 配料

根据配料不同，茶饮料可分为：茶与酒调饮，茶与花调饮，茶与水果调饮,茶与奶调饮,茶与植物调饮,茶与茶调饮等。

4. 特征和表现形式

根据特征和表现形式不同,茶饮料可分为:工艺化瓶装茶饮料、杯装冲泡调饮茶和新式茶饮等。

模块 2　茶饮调配器具与食材

调配器具与食材的选择对茶饮的口感和品质至关重要,下面介绍一些常用的茶饮调配器具与食材。

一、茶饮调配器具

1. 常用器具

茶饮调配常用器具见表 5-1。

表 5-1　　　　　　　　茶饮调配常用器具

名称	主要功能	注意事项	图示
电热水壶	烧水,确保精确控制水温,这对于需要特定温度冲泡的茶叶来说尤为重要	选择具有温度调节和保温功能的电热水壶	

第5单元 茶饮调配及煮茶

续表

名称	主要功能	注意事项	图示
制冰机	生产冰块，能高效地将水转化为冰块，可制出多种形状和大小的冰块	应选择具有自动清洗和除霜功能的制冰机，以减轻用户的清洁负担	
电磁炉及不锈钢锅	煮茶、奶、珍珠、芋圆等	选用不锈钢或搪瓷材质的锅体，这两种材质受热及传热较均匀	
不锈钢漏勺	过滤茶渣，捞起需要煮的食材，如珍珠、芋圆等	根据食材大小选用不同筛目的漏勺	

· 157 ·

续表

名称	主要功能	注意事项	图示
奶泡器	制作绵密、细腻且口感丰富的奶泡	选择手动、自动一体式最佳	
电子秤	精确称量原辅料及配料	称量前应注意清零,用完及时关闭电源	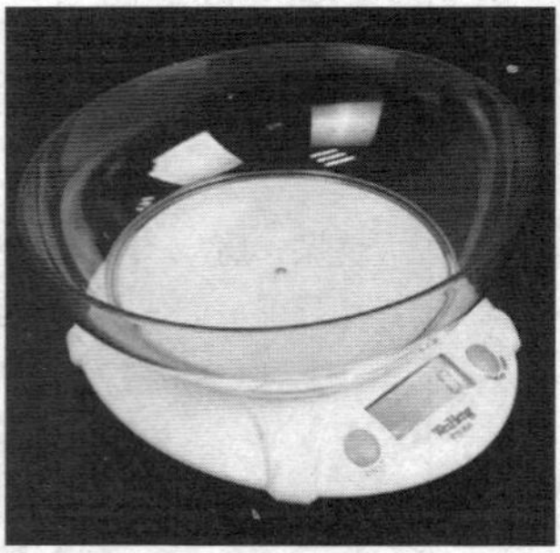
量桶（带盖）	量取水、茶汤、果汁、牛奶等液体	量桶应带盖、耐热耐冰、手柄牢固、刻度线明显	

续表

名称	主要功能	注意事项	图示
量杯	量取水、茶汤、果汁、牛奶等液体	刻度线明显、手柄牢固、耐热耐冰	
雪克杯	用于摇混或搅拌材料，使其充分混合，过滤网还能过滤掉不必要的杂质，确保饮品的纯净度	雪克杯一般分为不锈钢和树脂两种材质，不锈钢材质耐用且易清洗，树脂材质则相对轻便且成本较低，须根据具体用途选择	
搅拌棒	搅拌饮品，确保各种成分如奶、茶、糖浆等混合均匀，以提升饮品的口感和风味。搅拌棒的设计通常要考虑易用性和效率，其形状和材质应利于搅拌的进行	搅拌棒在使用过程中需要注意卫生和安全。使用前后应清洗干净，避免交叉污染。同时，在搅拌过程中要注意力度和速度，以免饮品溅出或搅拌棒损坏	

续表

名称	主要功能	注意事项	图示
滤茶布	1）过滤茶水中的茶渣和杂质，可以覆盖在茶漏上，防止茶叶的碎屑或细小颗粒进入茶杯中，保持茶汤的纯净 2）擦拭茶具表面和茶杯口沿，用作茶具之间的隔离物，保护茶具的完整和美观	滤茶布的材质多种多样，常见的有棉布、亚麻布、麻布等，在使用时注意及时清洗和更换	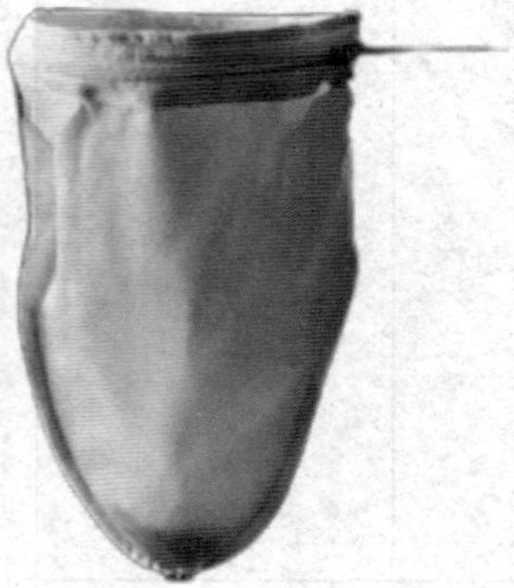
茶桶	对奶茶或其他饮品进行储存和保温，以保持适当的温度和口感	在使用茶桶时，注意定期清洗，确认保温效果，避免碰撞；茶桶需要存放在干燥、通风、避光的地方，以避免滋生细菌而受到污染；选用优质不锈钢或食品级塑料材质制成的茶桶，以确保饮品的安全性和卫生性	
份数盒	用来分装各种原辅料，按照一定的容量或份数来设计，以便快速、准确地为顾客提供所需的产品	份数盒上应标注清晰的容量标识或份数信息，以方便店员和顾客了解；选用易于堆叠、密封性好的份数盒，以确保饮品在运输和存储过程中保持新鲜	

第 5 单元　茶饮调配及煮茶

续表

名称	主要功能	注意事项	图示
水果夹	通常由两个相对而置的夹子组成,通过手柄的挤压或松开,可以控制夹子的张开与闭合,从而轻松地夹起水果。水果夹还可用于一些需要细致切割或去皮水果的处理	不同材质和设计的水果夹各有优缺点,可以根据需求和喜好进行选择	
果粉勺	专门用于挖取果粉,通常由不锈钢或塑料制成,勺头较宽且有一定的深度,便于一次性挖取较多的果粉,同时也方便将果粉均匀地涂抹在面包、饼干等食品上	果粉勺挖取果粉时应保持干燥、清洁	
冰铲	取冰块放入饮品,材质多为不锈钢,可考虑选择环保材质	使用时避免敲击硬物,存放于干燥通风处,定期清洗、检查磨损情况并及时更换	

续表

名称	主要功能	注意事项	图示
捣棒	捣棒是一种多功能的工具，常被用于捣烂水果、冰块或其他需要弄碎的配料，以充分释放其风味，提升茶饮的口感和品质	使用时应注意控制力度和频率，避免过度用力或长时间连续工作 在使用捣棒时，务必穿戴好劳保用品，如口罩、手套、防护眼镜等，以保护自身安全 定期对捣棒进行保养和维护，并及时进行清洁和消毒处理，以保持其卫生和清洁	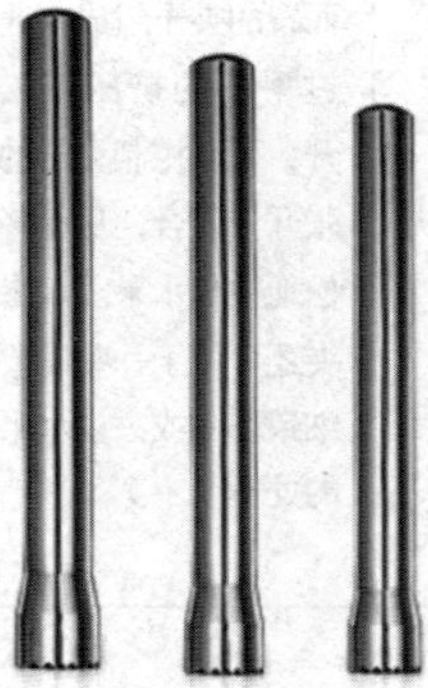
砧板、水果刀	砧板是食材切割平台，水果刀用于精细切割	使用时须确保干净卫生，操作姿势正确，避免交叉污染。切割后，及时清洗并妥善保存，确保食品安全和工具卫生	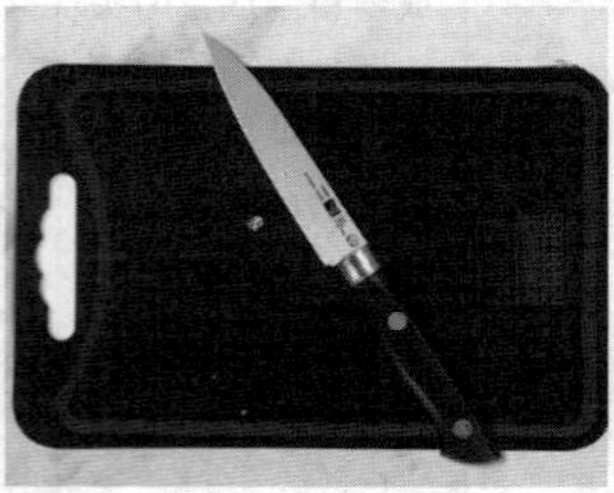
温度计	用于监控原料、饮品及环境温度，确保产品质量和食品安全	使用时须选择合适类型，遵循说明书要求，定期校准，避免损坏。在测量饮品和原料温度时，要注意卫生和安全，使用前后应及时清洁和消毒	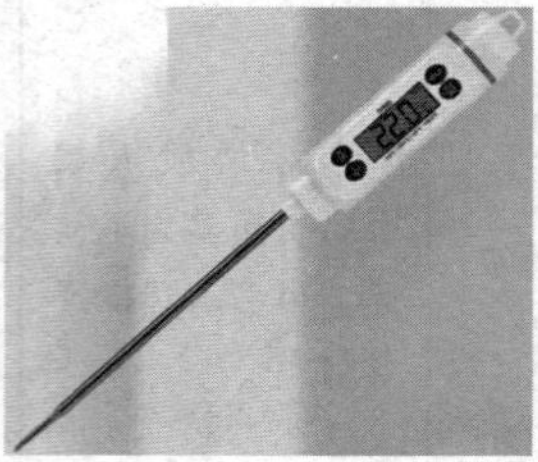

第 5 单元　茶饮调配及煮茶

续表

名称	主要功能	注意事项	图示
冰桶	用于储存冰块，保持饮品清凉。同时，也可临时存放饮品，提升服务效率	注意定期清洗，避免阳光直射；选择美观、优质的冰桶能提升店铺形象	
出品杯	用于盛装饮品，可提供吸管及盖子	应选择可降解或可循环利用材质，鼓励消费者使用自带或可重复使用的杯子	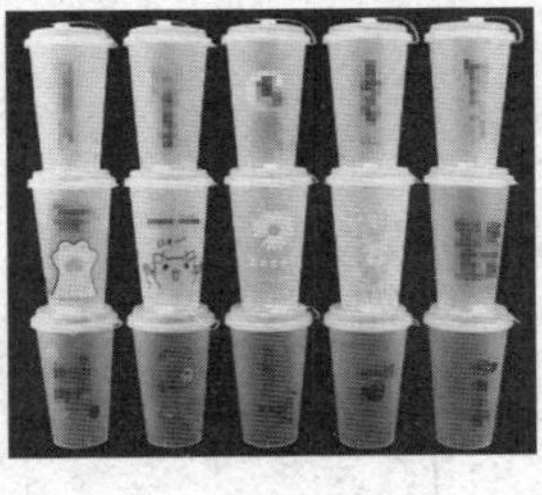
计时器	用于精准控制饮品制作时间，提高工作效率，辅助标准化操作	使用时须正确设置时间，定期维护，避免碰撞，防水防潮，妥善存放	

续表

名称	主要功能	注意事项	图示
毛巾	1）用于擦拭与食品直接接触物体的表面，如接触食品的工具、容器、托盘、设备等 2）用于清洁操作区域的工作台面、设备表面以及就餐区域桌面等 3）用于清洁墙壁、门窗、桌椅以及垃圾桶表面等	定期清洗消毒，储存于干燥清洁的环境中，并设定合理更换周期。正确使用和管理毛巾，不同用途的毛巾须分类使用并标注	
PVC手套	保障食品安全，加强卫生防护，提高工作效率。应确保手套符合食品级标准。	手套应存放在干燥清洁的环境中，穿戴与脱卸须正确操作，保持手部清洁，避免接触高温物体，以保障安全和健康	

2. 常见出品杯

在选择茶饮调配的出品杯时，除了考虑杯子的材质、功能外，还可以根据个人喜好和泡茶习惯进行选择。不同的茶叶种类需要搭配不同的茶具，以更好地展现茶叶的品质和风味。

在选择出品杯时，还应考虑杯子的形状和大小。适宜的杯子形状有助于茶叶在冲泡过程中的流动，使茶叶的香气和味道得到充分释放;而合适的大小则能确保茶饮适量,以确保其醇厚的口感。

(1)平底无脚杯(见表5-2)。

表5-2　　　　　　　　　　平底无脚杯

名称	特点	适用范围	图示
平底六角杯	杯底平稳且外观独特,实用性强。杯子的底部平坦,放置在桌面上更加稳固,不易倾倒;六角形的杯身设计使握持更加舒适,手指可以更好地环绕杯身,增加了握持的稳定性和舒适性;六角形的设计还有利于清洗杯子的每一个角落	适合分层比较少(1~2层)的调饮茶	
海波杯	常作为冷饮的容器,杯口设计人性化,不会让冰块滑落,能尽情享受冷饮的美味	适合3~4层的调饮茶,杯口可以插水果装饰	
比尔森杯	造型精致,质地独特,杯口的微张设计能使饮品香气更好地散发出来	一般用于4层及以上分层的调饮茶	

· 165

续表

名称	特点	适用范围	图示
敞口拉花杯	倾倒顺畅，容量大，适合不同拉花需求。形状多为圆柱形或锥形，便于牛奶形成稳定的奶泡，利于拉花操作	适合调饮茶及咖啡拉花	
反口鸡尾酒杯	造型优雅独特，反口设计能提升品饮体验，清洗方便	适合鸡尾酒、调饮茶	

（2）矮脚古典杯（见表5-3）。

表5-3　　　　　　　　矮脚古典杯

名称	特点	适用范围	图示
矮脚大肚杯	矮脚设计稳定且美观，材质多为高质量玻璃或陶瓷，易于清洗和维护。融入个性化设计和创意元素，吸引消费者，提升观赏和品饮乐趣	多用于啤酒和冰镇类饮品	

续表

名称	特点	适用范围	图示
矮脚马天尼杯	矮脚设计能稳固放置，锥形杯身利于香气聚集。保留握柄，避免手温影响饮品口感。多用玻璃材质，以展示饮品色泽。兼具装饰与展示作用，能提升饮用体验	多用于鸡尾酒和冰镇类饮品	
飓风杯	整体形状类似于一个花瓶或盛开的喇叭花，杯柄较短，杯身较长且呈曲线形，顶部类似于喇叭口。飓风杯的容量通常较大，美观大方，能很好地承载各种复杂的装饰物，如螺旋吸管、小花伞等	多用于鸡尾酒或颜色鲜艳、口感丰富的混合冰镇类饮品	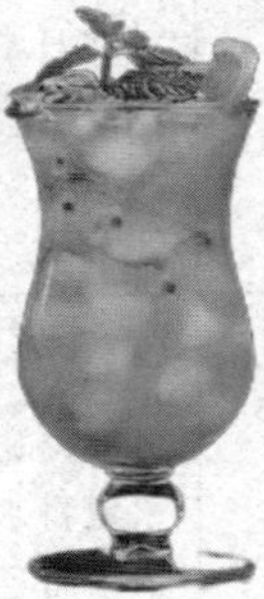
大苹果矮脚玻璃杯	杯身矮胖、圆润，形似一个大苹果，这种设计不仅美观大方，而且符合人体工学原理，握持舒适。透明度高，独特的造型和优雅的线条能增添饮用的乐趣	多用于日常饮水、品茗、品酒等	

续表

名称	特点	适用范围	图示
椰林飘香杯	容量通常较大,具有一定的实用性和便利性,造型和装饰独特	常用于多种原料调配的饮品等,杯口还会配上纸伞等小饰品	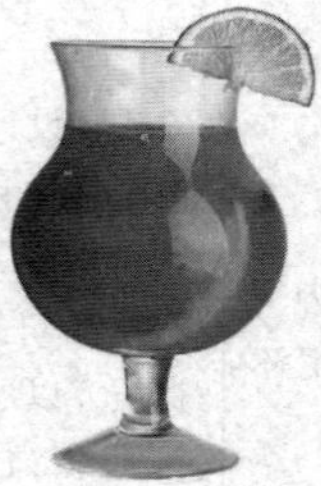
矮脚塔杯	造型矮胖,具有稳定的底座,这种设计使得其在日常使用中不易倾倒,具有一定的实用性	适用于需要较大容量且对温度控制要求不高的饮品	
宽口果汁杯	口径宽大,不仅能轻松地将水果块或冰块放入,而且清洗便捷,避免了食物残留和细菌滋生	常用于榨取果汁、日常饮水等	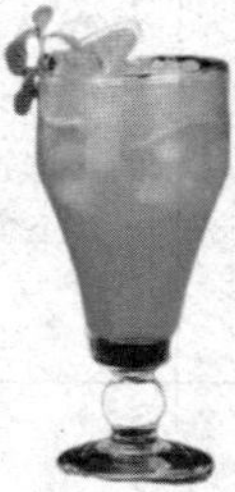
奶昔杯	宽口设计,便于清洗和添加食材,若加盖密封性良好的杯盖,可以防止饮品溢出	常用于奶昔、果汁、茶饮、鸡尾酒和冰镇类饮品等	

（3）高脚杯（见表5-4）。

表5-4　　　　　　　　高脚杯

名称	特点	适用范围	图示
高脚马天尼杯	锥形杯身，宽口设计，便于与冰块混合，充分展示饮品	用于需要搅拌或展示的饮品	
蝶形塔杯	蝶形结构，造型美观；采用高质量材料，耐用可靠；轻巧设计，方便携带与存放	用于盛装各种饮品，如茶饮、咖啡等；适合多种场合使用，满足日常需求	
经典香槟杯	杯身细长，底部较宽，可聚集气泡，提升香槟的口感和观赏性	主要用于品鉴香槟酒；同时，其优雅的造型也适用于正式场合或庆祝活动，以增添氛围	

续表

名称	特点	适用范围	图示
玛格丽特杯	外形美观大方,能凸显饮品的色泽与美感。容量适中,能让品鉴者充分感受饮品风味与层次	常用于鸡尾酒和特色茶饮等	
折弯马天尼杯	设计独特,杯柄呈折弯形状,外观优雅	常用于调制马天尼鸡尾酒等	
圆筒香槟杯	杯口宽度与杯身高度的比例使其具有极佳的稳定性与舒适度;保温性能良好,能使饮品保持最佳的饮用口感	常用于高端品鉴会盛放香槟、茶饮等,可以提升饮品的艺术感与高级感	

二、茶饮调配食材

1. 茶叶

茶叶（见图 5-1）是茶饮的核心食材，根据个人口味和喜好，可以选择不同种类的茶叶进行调饮。例如，绿茶清新爽口、红茶醇厚甘甜、乌龙茶香气馥郁等。建议购买品质优良、来源可靠的茶叶。此外，可以根据需要，选择茶粉、浓缩茶液等。茶叶类原料在储存时应注意密封、避光、隔氧。

图 5-1　茶叶

2. 奶及奶制品

奶及奶制品是制作奶茶饮料等饮品的重要食材，常用种类见表 5-5。选择新鲜、无添加的纯牛奶能确保饮品的口感和品质。此外，还可以使用植物奶如豆奶、椰奶等替代纯牛奶，为饮品增添不同的风味。

表 5-5　奶及奶制品

名称	特点	图示
纯牛奶	口感鲜醇，适用于高品质茶饮	
淡奶油	适合打奶盖、裱花用	

续表

名称	特点	图示
奶粉	奶香浓郁，尤其适合热饮	

3. 水果

水果是制作果茶等饮品的常用食材，可以根据季节和个人喜好选择不同的水果进行搭配。例如，夏季可以使用西瓜、柠檬等制作清爽解渴的果茶；冬季则可以使用红枣、桂圆等温补水果制作暖身的茶饮。茶饮调配常用水果有青柠檬、黄柠檬、香水柠檬、小青柑、橙子、草莓、苹果、梨、奇异果、凤梨、葡萄、芒果、柚子、石榴、西瓜等。

4. 糖浆

糖浆（见图5-2）用于调节饮品甜度，可以根据需要选择不同浓度的糖浆，以达到最佳的口感。此外，还可以使用蜂蜜、枫糖浆等天然甜味剂替代传统糖浆，以提高饮品的营养价值。

5. 其他食材

除了以上常见的食材外，还可以根据个人喜好添加其他食材。例如，加入珍珠、芋圆、西米、椰果等小

图5-2　糖浆

料（见图 5-3），可以增加饮品的口感层次；加入柠檬片、薄荷叶（见图 5-4）等，则可以增添饮品的清新口感。

图 5-3　小料

图 5-4　薄荷叶

在茶饮调配的过程中，选择合适的调配器具和食材是确保茶饮口感和品质的关键，可以更好地展现茶饮的特性和风味。通过不断创新，可以尝试制作更多美味可口的茶饮，享受品茗的乐趣。

模块 3　茶饮调配原则与方法

一、茶饮调配原则

1. 协调性

茶饮调配，应根据茶的品种搭配辅料，并配合相应的器具，从而达到味道、颜色、意境等多方面的和谐统一。

2. 特色性

各地区历史、文化、经济背景不同，饮茶习俗也各具特色，应在尊重当地饮茶习惯的基础上，研究和开发调饮茶的配方与工艺。

3. 简约性

茶饮调配，切忌加入过多辅料或者多种重口味基底一同调制。

这一方面是为了保持产品稳定，避免口感过于复杂，并在一定程度上保证利润率；另一方面是由于消费观念的升级以及对健康生活理念的追求，人们普遍认为调饮茶的材料无须复杂多样，只需要保证风味良好、健康营养即可。调饮茶的"主角"应是茶。

4. 科学性

调饮茶的制备过程和工艺同样应遵循科学性的原则，冷萃、冷泡或热泡工艺的选择，时间、温度的确定以及辅料添加的比例、先后顺序等，都应在最大程度利用有效物质的同时，确保调饮茶的外观、口感能够满足消费者的需求。

5. 健康性

调饮茶的健康性受多种因素影响，包括茶叶的种类、搭配食材的营养价值、饮用的方式以及个人的体质等。

首先，茶叶本身富含多种对人体有益的成分，如茶多酚、儿茶素、咖啡因、维生素等，这些成分具有抗氧化、抗炎、提神醒脑、促进代谢等多种功效。在调饮茶中，茶叶的这些健康益处仍然存在，但可能会受到其他食材的影响而有所变化。

其次，调饮茶中搭配的食材也是影响其健康性的重要因素。一些食材如枸杞、红枣、菊花等，本身具有滋补养生的作用，与茶叶搭配可以增强茶饮的保健功能。然而，如果食材搭配不当，如加入过多的糖或脂肪含量高的辅料，就可能会降低茶饮的健康性，甚至对人体造成不利影响。

6. 美观性

调配调饮茶搭配的原料应充分满足人的生理及审美需求，让人们在品饮过程中享受美好。

二、经典茶饮调制（以奶茶调制为例）

奶茶是一种经典调制茶饮，主要由茶和牛奶（或植物奶）混合而成,并常加入糖、香料或调味品等。奶茶有各种口味,如原味、巧克力味、草莓味、香芋味等,有的还加入珍珠、椰果等配料。

除了传统的热饮外,奶茶还可以做成冷饮等。需要注意的是,奶茶中通常含有较多的糖分和脂肪,长期大量饮用可能会对身体健康产生负面影响,因此应适量饮用。下面介绍经典奶茶的制作方法。

1. 基础材料准备

(1)茶基底。选择茶包/茶叶、速溶茶粉或茶浓缩液制备茶基底,用90 ℃以上的热水冲泡,茶与水的比例一般为1∶25(制作热饮时,比例为1∶50),泡制时间为5~10 min。制作冷饮浸泡茶汤时,注水量要减少,如要制作2 500 mL茶饮,制备茶汤时称取50 g茶包/茶叶,加水1 250 mL即可,后期可根据需要加冰或纯净水至合适比例。速溶茶粉应按1∶7的比例冲泡,例如1 kg阿萨姆红茶粉可冲奶茶7 kg。抹茶粉应按1∶50~1∶30的比例冲泡,例如5 g抹茶粉可注入150 mL的水后备用。

(2)糖浆或糖粉。根据个人口味,可提前熬制糖浆或准备糖粉,用于调节饮品甜度。糖浆熬制步骤见表5-6。糖浆的熬制是一个细致的过程,要保持耐心和专注,精确控温,以确保糖浆的质量和口感。

表5-6　　　　　　　　糖浆熬制步骤

步骤	操作方法	注意事项	图示
备料	准备原料和工具,用天平称取糖,用量杯量取水,糖和水比例为1∶1	勺子、温度计等工具须干净、没有残留物;可根据需要加入柠檬汁、蜂蜜或其他调味品	

续表

步骤	操作方法	注意事项	图示
熬煮	将糖放入锅中并倒入水,先大火煮沸后改中火加热,边加热边轻轻搅拌	糖浆熬煮过程中会产生高温蒸汽,注意避免烫伤	
关火	停止加热	糖溶解至色泽金黄,且黏稠度适宜时关火	
冷却	冷却至室温	避免装瓶时烫伤手	
装瓶	装入糖压瓶	可用漏斗辅助装瓶	

（3）奶源。选择纯牛奶、奶制品或植物奶等。奶精更适合用于制作冰饮，能提供更滑顺的口感。

（4）珍珠。煮珍珠的方法相对简单，但操作需要耐心和细心，以确保珍珠的口感和品质。煮珍珠的基本步骤见表5-7。

表5-7　　　　　　　　煮珍珠的基本步骤

步骤	操作方法	注意事项	图示
煮水	锅中加水，加热至沸腾，一般按照1∶7的比例准备珍珠和水	具体比例可根据珍珠的种类和大小进行调整	
倒入珍珠	将珍珠倒入锅中	改中火或小火煮制	
加热搅拌	加热20~30 min，不断搅拌，保证锅中的珍珠受热均匀	注意火候和搅动力度，避免珍珠煮破或煮糊	

续表

步骤	操作方法	注意事项	图示
焖煮	停止加热,焖煮10~20 min 至珍珠透明并浮在水面	不同种类的珍珠可能需要不同的焖煮时间	
捞出冷却	将珍珠从锅中捞出放入凉水中,冷却20 s 左右捞出	注意选用网眼合适的捞网,控制冷却时间,以保证口感	
浸泡备用	加入适量的糖浆或糖粉浸泡备用	根据需要决定加糖量	
装盒	置于干净的份数盒里	储存位置应卫生且方便取用	

（5）冰块与纯净水。制作冰饮时，冰块和纯净水是必不可少的材料。制冰机的制冰速度和效率受多种因素影响，包括环境温度、水温、制冷系统的性能以及制冰机的型号和规格等。因此，在使用制冰机时，需要根据实际情况进行调整和维护，以确保其正常运行。制冰机的制冰流程如下。

1）注水。将水注入到制冰机的储水槽。根据制冰机型号有自动加水和手动加水两种。

2）制冰。开启电源，制冰机开始制冰。制冰速度因机器型号不同而有所差异。

3）分离。将冰块从模具冰盘中分离。

4）储存备用。取出制好的冰块置于储冰桶中备用，以免融化得太快。

2. 奶茶调制

根据顾客的需求，在准备好的茶基底中加入糖浆、奶源以及各种配料，如珍珠、椰果、布丁等，以增加奶茶的口感层次。制作热奶茶时，最好先在茶杯中倒入热水进行预热。

3. 装杯出品

奶茶在装杯出品过程中，须注重每一个细节，以确保出品的口感、外观和品质都达到最佳状态。选用的出品杯不仅要有良好的密封性，以防止运输过程中的溢出，还要具有优美的外观，以吸引顾客的注意。

将调制好的奶茶倒入预先准备好的出品杯中，装杯完成后仔细检查每一杯奶茶的量和品质，确保符合标准。然后将奶茶盖上盖子，贴上标签，提供吸管以便顾客饮用。最后，将装好的奶茶放入保温箱或冷藏柜中，以保持其温度和口感。在顾客取餐时，再次检查奶茶的状态，确保其完好无损地送到顾客手中。

三、新式茶饮调制

1. 新式茶饮的特点

新式茶饮，也称为新茶饮，是茶饮行业发展中的一大创新。新式茶饮使用优质茶叶作为原料，辅以用不同萃取方式提取的植物浓缩液，并根据消费者偏好添加牛奶、奶油、芝士、水果、坚果等各种配料调制而成。

（1）新式茶饮在原料选择上强调健康、天然、优质。选择优质的茶叶是新式茶饮的基础，制作时要考虑茶叶的品种、产地、采摘季节和制作工艺，确保茶叶的香气、口感和品质都达到最佳。同时，要注重采用科学配方，通过选用具有一定功效的植物原料、草本药材、水果等，提升产品的健康价值。

（2）新式茶饮行业在品牌运营、营销方式上表现得更为主动和创新。除了传统的线下折扣促销外，品牌还通过各种社交平台进行线上推广，打造销售爆品和消费潮流。同时，新式茶饮品牌还积极搭建自己的线上平台（如 App、依托于平台的小程序等），提供线上点餐、外卖等服务，方便消费者随时随地享受美味，提供更高质的产品和服务。

新式茶饮不断探索新的茶叶品种和配料，研发新的调饮茶口味，关注市场趋势和消费者需求，及时调整产品策略和创新方向，并根据季节和市场需求，适时调整配方，不断推出新口味的特色饮品。

2. 新式茶饮基础材料准备

（1）茶基底制备。新式茶饮茶基底的制备与经典奶茶不同的是采用原叶茶进行冲泡。制备时可选择优质红茶、绿茶或乌龙茶，用 90 ℃以上的热水冲泡，不同原叶茶浸泡时间及水温参见表 5-8。

茶与水的比例一般为 1∶25，制作冷饮浸泡茶汤时注水要减少。

以制作 2 500 mL 茶饮为例，称取 50 g 茶包 / 茶叶制备茶基底，加水 1 250 mL 即可，后期可根据需要加冰或纯净水至合适比例。

表 5–8　　　　　　　　不同原叶茶浸泡时间及水温

茶类	浸泡时间	水温
红茶	8 min	90 ℃
绿茶	8 min	90 ℃
乌龙茶	10 min	100 ℃

茶基底制作流程见表 5–9。

表 5–9　　　　　　　　茶基底制作流程

操作步骤	操作方法	注意事项	图示
煮水	用煮水器煮沸	小心操作，注意防烫	
称茶	按茶水比例 1∶25 称取茶叶	后期加入足量的冰或纯净水	

操作步骤	操作方法	注意事项	图示
注水	注入温度适宜的水	绿茶水温可以稍低或不加盖浸泡，保证口感鲜爽	
浸泡	浸泡 8~10 min	用计时器计时，确保时间准确	
过滤	过滤去渣备用	茶桶内先加冰块再出汤，冷却效果更佳	

（2）奶盖制作。奶盖由牛奶、淡奶油和奶盖粉等调制打发而成，可根据个人口味调整原料比例，常见口味有原味、海盐味和芝士味等。常见奶盖的制作方法见表5-10。经过打发的奶盖应直接使用，不宜储存后隔天使用。

表 5-10　　　　　　　　　常见奶盖的制作方法

类型	配料	制作方法	注意事项
基础奶盖	淡奶油 100 mL，砂糖 15 g	1）淡奶油先放进冰箱冷藏（2~4 ℃）12 h，取出后摇匀，剪开倒入打发碗 2）将打发碗放在冰水中进行打发，过程中温度保持在 7~10 ℃ 3）淡奶油中放入砂糖，打发到处于可以流动的状态即可 4）装入裱花袋，能轻易流出即可	使用奶油机打发，以奶油可直立有尖顶为准 可用于生食、烘焙、裱花
芝士奶盖	淡奶油 250 g，芝士 55 g，全脂牛奶 50 g，炼奶 75 g，玫瑰盐 3.5 g	1）冰沙机中加入芝士和全脂牛奶，启动冰沙机，打碎备用 2）打发盆中加入淡奶油和炼奶，用打蛋器稍微搅拌一下，然后用低速挡开始第一次打发 3）将冰沙机中打碎的材料倒入打发盆中，加入玫瑰盐，进行第二次打发，直至下落呈直线螺旋状态为止 4）将打发好的奶盖倒入容器中冷藏备用	奶盖宜在低温条件下进行打发
奶盖粉奶盖	根据购买的奶盖粉包装确定用粉量和冷水量	1）小纸杯内倒入冷水至注水线处 2）将奶盖粉倒进小纸杯内 3）快速搅拌至奶盖质感细腻绵密	奶盖粉须用冷水溶解，并且水不能多加，保持在低温下打发

（3）水果准备（见表5-11）。

表5-11　　　　　　　　　水果准备

类型	原材料	操作方法	注意事项	图示
水果切片	柠檬、香水柠檬、奇异果、苹果等	1）选择新鲜水果，洗净放于砧板上，用刀具从水果一端开始切片，厚度2~5 mm，装入份数盒备用 2）选择新鲜水果，洗净置于切片器上切片，装入份数盒备用	1）水果切片要均匀、美观 2）切割时保持稳定，小心操作，以免刀子滑动伤到手 3）切割时注意避开籽和纤维，速度适中，保持刀刃与水果切面平行	
暴打柠檬	香水柠檬、冰块	香水柠檬洗净，切片或切块，与冰块一同加入雪克杯中，暴打至果香释放、果汁溢出	1）选用新鲜的香水柠檬，以保证口感和香气 2）香水柠檬可以先用工具刮皮以促进香气散发，要去籽以免带苦味 3）用力均匀地捣碎冰块并挤压柠檬，直到冰块细碎、柠檬出汁，释放出浓郁的香气	

续表

类型	原材料	操作方法	注意事项	图示
果汁	橙子、西柚、西瓜、苹果等	水果洗净，去除果皮和果核，使用榨汁机或搅拌机（加入适量的水或冰块来辅助搅拌）榨取果汁，过滤掉果渣	1）选择新鲜、成熟的水果，使用合适的工具和方法 2）为了丰富果汁的口感和营养价值，还可以尝试将多种水果混合在一起榨取，创造独特的风味和色彩	

（4）其他配料。糖浆或糖粉、冰块、小料等的准备与经典茶饮的制备相同。可根据客人需要，加入适量的糖浆或糖粉以提升茶饮口感。

3. 新式茶饮制作流程

新式茶饮制作流程与经典奶茶制作流程大同小异，但细节的处理更有创意。一是采用优质原叶茶冲泡茶基底，引入新鲜水果等健康食材，不以追求低成本为导向，而是力求茶饮的品质及口感。二是调制与装饰更有美感，顶部装饰可使用奶油、奶盖、棉花糖等，以增加口感和视觉效果，也可加入椰果、红豆、珍珠、布丁等小料，以丰富饮品的口感层次。三是根据季节变化，推出限定饮品，如夏季推出冰淇淋奶茶、冬季推出热可可奶茶等。四是新式茶饮出品方式和花样更多,强调文化品位和审美感。新式茶饮调制及出品流程见表 5-12。

表 5-12　　　　　　　　新式茶饮调制及出品流程

形式	操作步骤	操作方法	注意事项	图示
店内就餐	调制、装饰	将茶基底、冰块、柠檬、糖浆等按一定的顺序倒入容器,充分摇匀后装入出品杯;加入奶盖/水果片/香料等进行装饰;根据需要配置吸管	有的茶饮要求分层,应按一定的顺序装杯,不需要混合摇匀	 
	出品	将茶品放于托盘或茶盘内送至客人面前	注意保持托盘平稳,以免茶品溢出	

续表

形式	操作步骤	操作方法	注意事项	图示
外带打包	调制、装饰、封口	将茶基底、冰块、柠檬、糖浆等按一定的顺序倒入容器，充分摇匀后装入出品杯；加入奶盖/水果片/香料等进行装饰；加盖或封口	不可装得太满，封口后注意擦干杯沿	
	出品	将茶饮装入袋内，放入吸管/长柄勺等，送至客人面前	热饮的吸管应选用特制的分流细管	

小知识

常见茶饮的调配方法见表5-13。

表5-13　　　　常见茶饮的调配方法

茶饮名称	预制茶基底	操作步骤
冰柠红茶	将5 g红茶投入法压壶中，加入200 mL热水，冲泡出汤备用	雪克壶中加入冰块、10 mL浓缩柠檬汁、100 mL茶汤，摇合20 s左右，倒入出品杯中，放上柠檬装饰即可

续表

茶饮名称	预制茶基底	操作步骤
清水河	将 3 g 铁观音投入法压壶中，加入 200 mL 热水，冲泡出汤备用	雪克壶中加入 1 片青柠、3 片香水柠檬，加入 80 g 冰块并用碎冰棒将其捣碎；加入 15 mL 青柠汁、20 mL 果糖、100 mL 茶汤，摇合 10 s 左右，倒入出品杯中，加入气泡水，加上装饰品即可
桃至	将 3 g 铁观音投入法压壶中，加入 200 mL 热水，冲泡出汤备用	雪克壶中加入 2 片香水柠檬、2 勺桃子果肉，加入 80 g 冰块并用碎冰棒将其捣碎；加入 20 mL 桃子果酱、20 mL 果糖、50 g 冰块、100 mL 茶汤，摇合 20 s 左右，倒入出品杯中，加上装饰品即可
红茶雪顶	将 5 g 红茶投入法压壶中，加入 200 mL 热水，冲泡出汤备用	杯中加入 30 mL 纯牛奶、20 mL 淡奶、10 mL 淡奶油、15 mL 糖浆，搅拌均匀；在冰好的杯子中加半杯冰块，倒入混合好的奶，再加入茶汤 150 mL，形成分层；挤出雪山奶油顶，撒上装饰即可
茉莉飘雪	将 6 g 茉莉花茶投入法压壶中，加入 250 mL 热水，冲泡出汤备用	杯中加入 200 mL 淡奶油、80 mL 纯牛奶、20 g 奶盖粉、5 mL 果糖，打发制作奶盖；雪克壶加入半杯冰块，加入 20 mL 糖浆、180 mL 茶汤，摇合 20 s 左右，倒入出品杯中；倒入奶盖，加上装饰即可

小提示

在制作新式茶饮时应注意食品安全，所有原料和器具均须保持清洁卫生，避免交叉污染。由于个人对甜度的喜好不同，可根据顾客需求调整糖浆用量。

模块 4　新中式茶饮

一、煮茶

煮茶是一种古老而优雅的茶艺形式，它不仅是一种饮品制作方式，更是一种生活的艺术，是文化的传承和表达。

1. 煮茶基本流程

（1）选择合适的茶叶。茶叶的种类繁多，有绿茶、红茶、乌龙茶、黑茶等。每一种茶叶都有其独特的口感和香气，因此，可以根据喜好和季节变化选择茶叶。

（2）准备煮茶所需的器具。一般来说，煮茶需要茶壶、茶杯、茶罐、茶匙、茶盘等基本器具。茶壶是煮茶的核心器具，其材质多为紫砂、瓷质或玻璃等。茶杯则用于品茗茶汤，其形状和大小也会影响品茶的感受。

（3）开始煮茶时，先将茶叶放入茶壶中。茶叶的用量可以根据个人口味和茶壶大小进行调整。一般来说，每 100 mL 的水需要使用约 3 g 的茶叶，先用沸水冲泡茶叶，待茶叶展开后，倒掉第一次冲泡的茶汤，这一步称为"润茶"。

（4）再次注入沸水，开始正式煮茶。煮茶的时间因茶叶种类和个人口味而异。在煮茶的过程中，可以观察茶汤的颜色和香气变化，感受茶叶的韵味。

（5）当茶汤煮好后，将其倒入茶杯中。此时，可以细细品味茶汤的口感和香气，感受茶叶带来的独特风味。同时，也可以与亲朋好友分享品茶的乐趣，增进彼此之间的感情。

在繁忙的生活中，抽出一段时间来煮茶品茗，不仅可以放松身心,还能够感受到传统文化的魅力和内涵。

2. 唐代煮茶法

唐代煮茶法是中国古代茶文化的重要组成部分,具有深厚的文化底蕴和历史意义。唐代煮茶法使用的茶具包括风炉、茶釜、竹筴、茶盏等。其中,风炉用于生火煮茶,茶釜用以煮水烹茶,竹筴用于在茶汤中搅拌,茶盏则是品茗的工具。这些茶具各具特色,体现了唐代茶文化的精致和讲究。

(1)基本程序

1)备茶:准备适量的茶饼。茶饼是唐代煮茶的主要原料,通常需要将茶饼研碎成茶末,以备后续使用。

2)择炭、选水:选择优质的炭火和水源是煮茶的关键。火力要适中,以保证水能够均匀受热;水源要选择清澈甘甜的泉水或井水,以提升茶汤的口感。

3)煮茶:将选好的水倒入茶釜中,用炭火加热。待水初沸时,放入适量的盐进行调味。继续加热至水边缘有滚珠时,舀出一勺水备用。将茶末从锅中心放入,同时用竹筴在茶汤中搅拌。待茶汤沸腾时,将刚才舀出的水倒入,让茶汤表面生成汤花。

4)分茶:将煮好的茶汤均匀地分到各个茶盏中以供品饮。在分茶的过程中,需要注意让沫饽均匀分布,以保证茶汤的口感和品质。

(2)煮茶技艺

1)烤茶:煮茶前要先烤茶,以保证茶饼香味正。

2)碾茶:将烘干后的茶饼敲成小块,再倒入碾钵中碾碎。碾茶要适度,筛选出粗细适中的茶颗粒,以煮出清明、纯正的茶汤。

3)火候:煮茶时要掌握好火候,密切关注水的温度和茶汤的变化,及时调整火候;控制好茶、水、盐三者的比例关系,注意控制用量。

唐代煮茶法是一种讲究技艺、注重情趣的饮茶方式，不仅体现了唐代人对茶文化的热爱和追求，也为后世留下了宝贵的文化遗产。

二、围炉煮茶

1. 围炉煮茶概述

围炉煮茶是将茶叶放置在茶壶中，利用火炉加热以烹煮茶叶的一种饮茶方式，如图5-5所示。

图5-5 围炉煮茶

围炉煮茶源自云南的"火塘烤茶"，历史悠久，具有独特的韵味，又被称为"糊米烤茶"。使用屋内烧水或煮饭的火坑里的火，先将土陶罐放在火塘中烘烤，然后把米和茶烤香。在云南，火塘在日常生活中十分重要，人们用它取暖照明、烧煮食物，也会直接在炭火上烤食物。在围炉煮茶的过程中，茶叶与热水充分接触，使得茶叶的香气和韵味充分释放，从而为品茗者带来美妙的饮茶体验，逐渐得到年轻人的喜爱。

围炉煮茶的场所一般为室外，环境安静、舒适，可以让人在品茶过程中享受宁静与惬意。

2. 围炉煮茶常用器具

由于茶类及环境的不同，在实际使用中，可以根据个人喜好和需求选择和搭配煮茶器具。围炉煮茶常用器具见表5-14。

表5-14　　　　　　　　　围炉煮茶常用器具

名称	用途	注意事项	图示
茶炉	茶炉是煮茶的核心器具，用来加热茶水。室外煮茶常用炭炉，加热时间较长；室内煮茶常用电陶炉，方便快捷	不要直接用手端茶炉，以防烫伤，须冷却后拿取或用防烫夹夹持移动	
烤网	放置于炭炉上，用于放置茶壶、食物、水果等	用后及时清洗干净并晾干	
炭	提供稳定的热源，加热水使其沸腾	确保所选用的炭适用于煮茶，如原木炭、橄榄炭、枣核炭、竹炭等，以上炭种在燃烧时无烟或烟少	
炭夹	用于夹炭、加炭	使用铁质等不易燃的材料	

续表

名称	用途	注意事项	图示
打火器	点燃炭块	火力大，不可近距离对着人使用，须收纳好放置在儿童接触不到的位置	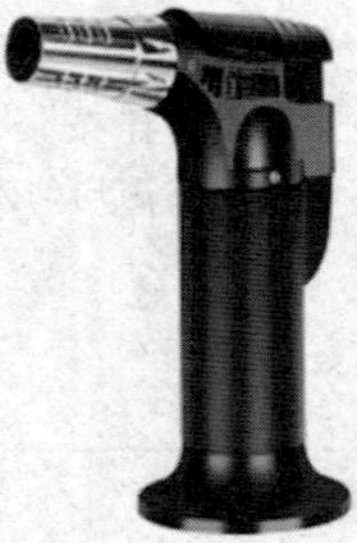
提梁壶	用于放置茶叶及煮茶，容量较大，适合多人饮茶	用后及时清洗干净，多选用陶质、紫砂等材质	
侧把壶	用于煮茶，容量可根据饮茶人数确定	使用时握把较烫，可使用茶巾包裹握把拿取	
茶杯	盛放煮好的茶水以供品饮	茶杯容量可以大一些，以 50 mL 以上为宜	

续表

名称	用途	注意事项	图示
搅拌勺	搅拌茶汤、奶等，使茶汤均匀，避免焦糊	不可选用塑料材质	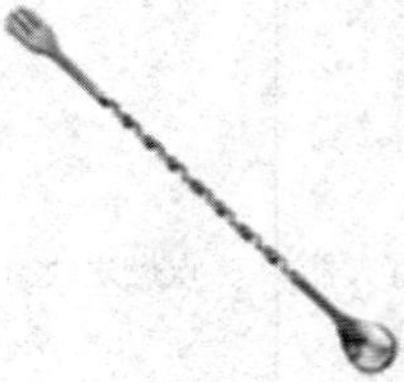
食品宫格盘	用于盛放茶食和茶点，增加情趣	格数可根据茶点的种类选用	
食品夹	用于夹取食物，卫生方便	常选用竹质材质	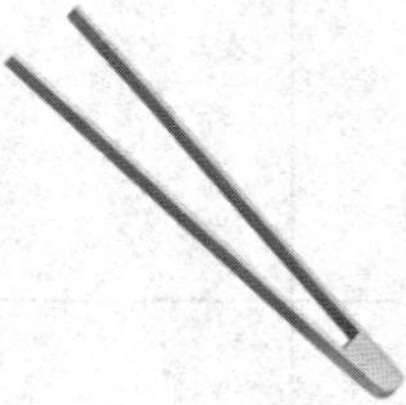
多层果篮	盛放茶点、果品，节省空间，增加美感	须放置平稳	

续表

名称	用途	注意事项	图示
水果签	取食物用，卫生且能体现美感	注意平放，小心戳伤	
茶荷	用于盛放和观赏茶叶	可选用竹质、瓷质等	
茶巾	用于辅助托取茶器，清理茶桌和茶具上的水渍	分类使用，避免交叉污染	

3. 围炉煮茶流程

（1）选择围炉煮茶场所。选择室外开阔处，空气流通，但风不可太大，如图5-6所示。

图5-6 围炉煮茶场所

（2）备茶、备料。准备新鲜的水，最好使用山泉水或纯净水，以保证茶水的品质；选择适合煮茶的茶叶，如绿茶、红茶、乌龙茶等；准备围炉煮茶所需的用具，将搭配的茶点（如糕点、水果等）分别装入小碟并放于食品宫格盘内，茶点应干净、卫生、新鲜，以增加品茶的乐趣，如图5-7所示。

图5-7 茶点

（3）点炭生火。确保选用的炭是适合煮茶的，如原木炭、橄榄炭、枣核炭等，这些炭种燃烧时无烟或烟少，且能提供稳定的热源。避免使用机制炭、木屑炭等含有异味且烟多的炭。如果想要煮出更香的茶，可以加入一些果木炭，这些炭在燃烧时会散发出淡淡的果香，有助于提升茶汤的香气和口感。

1）在炉底铺设一层引火材料，如易燃的油薪竹、香道炭、固体酒精块或速燃炭等，以快速点燃炭火。如果使用速燃炭，可以直接将其放在炉内。

2）使用打火器点燃引火材料，如引燃油薪竹或香道炭的一端。如果使用固体酒精块，则将其点燃后放置在炉底，再架上炭块。

3）等待引火材料燃烧，并引燃炭块。这个过程中，可以适时地使用鼓风机或扇子等工具,加速炭表面空气流通,使炭块更快地被点燃。

4)当炭块局部被引燃后(局部覆白灰或变红),将炭块稍稍聚拢,同时也要留出适当的间距,以保证充足的氧气供应,提高燃烧效率。

5)继续用鼓风机或扇子等工具扇风,直到炭火燃烧稳定,达到适合煮茶的温度,如图5-8所示。

需要注意的是,在点炭生火的过程中,要保持通风良好,避免一氧化碳等有害气体积聚,造成安全隐患。同时,要注意用火安全,避免炭炉中火星四溅,造成火灾等意外事故的发生。

图5-8 点炭生火

(4)煮茶

1)投茶。将茶叶放入茶壶中。根据个人口味及煮茶量确定投茶量。

2)注水。向茶壶中加入适量的水,一般为茶壶容积的2/3(如要加牛奶或其他饮品,水可少加些),不可太满,以免溢出。

3)加热。将茶壶放置在炭炉上,用炭火加热,食物也可以一起加热。在加热过程中,要注意观察茶水的变化,当茶水开始沸腾时,即可将茶壶从炭炉上移开,避免煮沸过久,导致茶水过于苦涩。煮茶过程中,可以适时添加水,以保证茶水的浓度适宜。

4)品饮。将煮好的茶水倒入茶杯品饮。茶具清洗要彻底,避免留下污渍及异味,并注意及时消毒。

三、冷萃茶

1. 冷萃茶概述

冷萃茶(冷泡茶)是利用冷水或冰水长时间浸泡茶叶以萃取茶汤的一种茶饮,具有清爽甘甜、有益健康、冲泡简便等特点,适合在夏天饮用,如图5-9所示。相较于热泡茶,冷萃茶颠覆了传统的热水泡茶方式,提供了一种全新的品茶体验。

图 5-9 冷萃茶

选择适合冷萃的茶叶是制作美味冷萃茶的关键。绿茶、白茶、乌龙茶等因口感清新、香气淡雅，非常适合用于制作冷萃茶。茶叶中的氨基酸在冷水中会先溶出，为茶汤增添鲜味；冷萃茶中的咖啡因含量则相对较低，减少了过量摄入可能带来的不良影响。冷萃茶可以避免高温泡茶导致的茶叶色变、口感钝化和维生素破坏等弊端，口感更为清爽甘甜，苦涩味较少。茶叶中的多糖类物质有助于控制血糖，在冷萃茶中能更好地得到保留。

> **小知识**
>
> 咖啡因从 60 ℃开始缓慢释出，80 ℃急速释出，温度每增加 1 ℃都会加速咖啡因的释放。

2. 冷萃茶常用器具（见表 5-15）

表 5-15 冷萃茶常用器具

名称	特点	图示
冷萃缸	冷萃缸通常包括一个密封容器及一个滤网装置。密封容器用于盛放茶叶（咖啡粉）与水，滤网装置用于分离萃取的茶汤（或咖啡液）与茶叶渣（或咖啡渣） 使用时只需将适量的茶叶或咖啡粉放入冷萃缸中，加入冷水，密封后放入冰箱，进行长时间的低温萃取即可	

第 5 单元　茶饮调配及煮茶

续表

名称	特点	图示
冷萃壶	冷萃壶是制作冷萃茶的核心器具，通常由玻璃或陶瓷制成，具有良好的保温性和观赏性 　　冷萃壶有不同的容量和设计选择，以满足不同用户的需求。大容量冷萃壶适合家庭或办公室使用；便携式的冷萃壶则方便外出时携带	 
过滤器	用于过滤茶叶渣，以确保冷萃茶的清爽口感。常见的过滤器材质有不锈钢、尼龙和纸质等	
冷萃瓶	冷萃瓶是一种结合了冷萃壶和过滤器的便携式器具，将茶叶和冷水直接放入瓶中，等待一段时间后即可享用冷萃茶，适合忙碌的上班族和旅行爱好者	 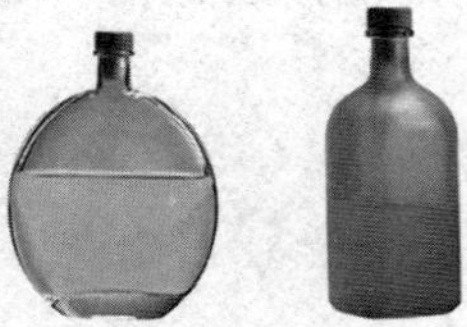

· 199

续表

名称	特点	图示
冷萃杯	冷萃杯可用于分装冷萃茶汤进行品饮,或直接进行茶叶冷萃。一般采用透明玻璃材质以便观赏茶姿。盛装冷饮时,杯表面易产生水珠,应注意拿稳以防滑落	
冰夹	冰夹可以轻松夹取并转移冰块、食物等,使用方便、卫生,且可以避免手被冻伤	

3. 冷萃茶冲泡方法

冷萃茶应选择发酵程度较低的茶叶,如绿茶、白茶或乌龙茶,这些茶叶的氨基酸含量高,更适合冷泡。由于冷萃茶冲泡水温较低,所以需要更长的浸泡时间才能令茶叶中的成分充分释放,一般需要 8~12 h,甚至更长时间。浸泡时间和茶叶用量可以根据个人口味进行调整。冷萃茶最好在冷藏条件下保存,以保持其清爽口感。冷萃茶冲泡方法见表 5-16。

表 5–16　　　　　　　　　　冷萃茶冲泡方法

操作步骤	操作方法	注意事项	图示
装茶	按照茶与水 1∶50 的比例，将茶装入冷萃壶中	根据个人喜好选择茶叶，如绿茶、白茶、乌龙茶	
注水浸泡	注入冷直饮水或矿泉水 500 mL，充分浸泡	可在壶中加入冰块后再注水浸泡	
出汤品饮	旋转出汤旋钮，使茶汤流入茶盅	茶盅应正对出汤口，以免茶汤洒出	

四、调和茶

调和茶是采用多种原料调和而成的茶饮。调和茶采用精选的食材、科学的配比，运用独特的配方，不仅能帮助调节身体内部的平衡、改善血液循环、调和五脏，还能为肌肤提供营养和水分。现代人越来越注意健康，因此，根据人体体质配制的定制化调和茶也逐渐流行。常见的调和茶配方及适用范围见表5-17。

表5-17　　　　　　常见的调和茶配方及适用范围

名称	配方	适用范围
红枣桂花茶	红枣、桂花、红茶、白糖	养血顺气、健脾和胃，适用于血虚所致的头晕目花、面色萎黄者
核桃茶	核桃仁、绿茶、白糖	补肾强腰、敛肺定喘，适用于腰肌劳损、虚弱、气喘者
荔枝绿茶	荔枝干、绿茶	益肾养颜、温中，适用于性欲减退、面色萎黄者
芝麻润肤茶	芝麻、绿茶	补肾养肺、润肤乌发，适用于皮肤干燥、毛发干枯者
芝麻糖茶	芝麻、绿茶、红糖	滋润五脏、滋养肝肾、延缓衰老，适用于肝阴虚头晕、肾阴虚耳鸣者

 小提示

在饮用调和茶时，需要根据个人体质和需求选择合适的调和茶配方，注意控制摄入量，避免过量饮用导致的身体不适，体质特殊者应在医生指导下饮用。

第6单元 点茶技艺

宋代是中国茶文化的鼎盛时期,从王公大臣、文人僧侣,到商贾士绅、黎民百姓,无不以饮茶为时尚。斗茶也称茗战,是宋代一种独特的饮茶方式和社交游戏,也是中国茶文化的一种,深受大批文人,如苏轼、李清照等的推崇,在他们的作品中也得到了充分体现。点茶是古代斗茶采用的主要形式,不仅可以品饮茶汤,还极具艺术欣赏性,给人带来身心享受。

一、常见点茶器具

常见点茶器具及作用见表6-1。

表6-1　　　　　　　　常见点茶器具及作用

名称	作用	图示
茶磨	碾茶	

续表

名称	作用	图示
茶臼	捣碎饼茶	
风炉	烘烤饼茶	
茶瓶	也称汤瓶、执壶、水注，用于注汤	

续表

名称	作用	图示
筅架	也称筅托,用于放置茶筅	
茶合	盛放茶粉	
茶盏	盛放茶汤	

续表

名称	作用	图示
茶匙	取用茶粉	
茶筅	调膏及搅拌茶汤	

> **小知识**
>
> 古代点茶多采用团饼茶，主要原料为绿茶，目前点茶的原料已发展到红茶、乌龙茶、黑茶、白茶等各大茶类。

二、点茶技艺

1. 点茶流程

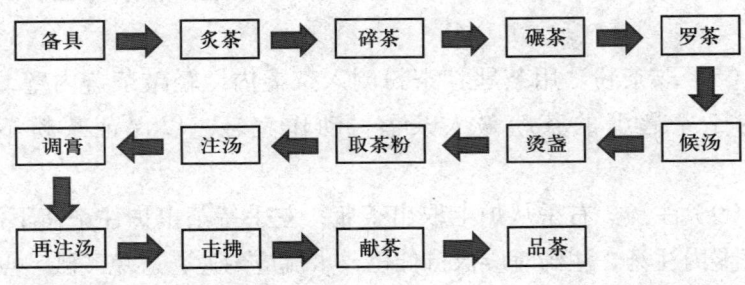

2. 点茶操作方法

（1）备具。准备点茶所需的器具以及茶叶。

（2）炙茶。右手持茶铃,夹取饼茶在风炉上烤炙,随后将饼茶放入茶臼。烤炙时间不宜太久,烤炙2~3 min后翻到另一面烤炙2~3 min。

（3）碎茶。左手扶着茶臼外沿,右手握杵均匀用力敲碎饼茶。刚开始不能太用力,不然茶叶会往外喷洒,应尽量敲得碎一点。

（4）碾茶。双手握茶臼靠住茶磨上盘外沿,腾出右手用茶帚将臼内碎茶扫入茶磨孔内,放回茶帚、茶臼。左手扶茶磨下盘外沿,右手逆时针均匀转动茶磨上盘,将茶碾细成粉。要均匀转动茶磨上盘,不能用力转动。

（5）罗茶。左手将茶罗靠住茶磨下盘出口,右手取茶帚将茶粉扫入茶罗,双手取出茶罗内网筛,在茶罗上方轻轻摇动网筛,将细粉筛入茶罗内,再用茶匙将筛好的茶粉装入茶合。罗茶时注意不可大幅度摇动。

（6）候汤。将水煮沸,稍凉后倒入茶瓶中。水不能太满,以七分满为宜。

（7）烫盏。将茶筅放入茶盏，手持茶巾护住茶瓶下沿，注汤约 50 mL 烫洗茶筅。依次放回茶瓶、茶筅，将废水倒入茶盂。再次环绕盏壁注汤约 50 mL 烫洗茶盏，手持茶盏，将水低位倒入茶盂。

（8）取茶粉。用茶匙将茶粉倒入茶盏内，轻敲茶盏内壁，将黏附于茶匙上的茶粉敲入茶盏。动作宜轻，以保证茶粉不外扬。

（9）注汤。右手从炉上取出茶瓶，左手持茶巾护住茶瓶下沿，向茶盏内注汤。注汤时应保持低位，水流应匀速，避免飞溅。点茶水温以 70~90 ℃为宜，夏季可低些，冬季可高些。

（10）调膏。左手虎口呈八字形按在盏口左侧，右手拇指、食指、中指从三点握住筅把，无名指、小指紧靠，从垂直方向沿盏壁将茶粉和水缓缓调匀，要调成糊状，不能结团。

（11）再注汤。右手从炉上取出茶瓶，左手持茶巾护住茶瓶下沿，向有茶膏的茶盏内再次注水，应低位沿盏壁环注，水流应匀速，避免茶汤飞溅。点茶的茶水比例为 1∶100~1∶50，可根据品饮者的口感调整。

（12）击拂。左手虎口呈八字形按在盏口左侧，右手拇指、食指、中指从三点握住筅把，无名指、小指紧靠，从盏壁右侧搅拌茶汤。应"手轻筅重、指绕腕旋"，手腕带动手指旋转发力，快慢结合。先"击"再"拂"，快速搅拌茶汤形成泡沫后，再环绕盏壁汤面缓缓拂动，随后将茶筅放回筅托。泡沫应细腻均匀，时间为 1~3 min。

（13）献茶。按奉茶的礼仪，双手五指并拢持茶盏放入盏托，随后双手持盏托两侧，微微低头将茶献给客人。

（14）品茶。品饮者双手捧盏饮茶，每盏宜斟七分满。每个茶盏的茶汤可一人饮用，也可将泡沫用小勺分到若干小盏内。

点茶完毕后，收拾好茶具并清洗；整理茶桌，重新布置茶席，摆放好各种器具。注意及时替换损坏的茶具。

三、点茶鉴赏

点茶鉴赏方法见表6-2。

表6-2　　　　　　　　点茶鉴赏方法

方法		特征
观茶粉	嗅干香	茶粉以干香纯正为佳。宜屏气细嗅，每嗅一次后应离开茶粉再呼吸换气
	观色泽	茶粉以色泽纯正、均匀、不花杂为佳
	看细度	茶粉以细腻、不结团、无较粗颗粒为佳
	察净度	茶粉以洁净为佳
赏泡沫	颜色	绿茶类以纯白为上，依次为青白、灰白、黄白。其他茶类根据茶水比例呈白色、浅咖啡色、深咖啡色等
	外观	茶汤泡沫大小呈现细乳、粟粒、蟹眼、鱼眼等变化；泡沫厚薄呈现云脚、水痕等变化。
	持久性	泡沫在盏面中保存时间越长，茶汤质量越好；先露出水痕者为差
品风味		茶汤具备"香、甘、重、滑"风味，以香气淡雅、回甘快、饱满、爽滑、绵柔为佳；泡沫以纯正、醇厚、浓郁和持久为佳，以带苦涩、青涩、异味为次
察盏底		以饮完的茶盏底部留有少量泡沫和清淡茶香为佳，残留较多的茶粉或杂物为次

 **小知识**

点茶茶汤的滋味特性

1. 纯正度，无异杂味、苦涩味，无沉渣。
2. 醇厚度，入口醇厚而绵柔、饱满、回甘。
3. 浓郁度，口感浓郁，不同茶类具有其独特茶香，如青豆香、花果香、陈木香等。

第7单元 科学饮茶

中国茶叶历史悠久，茶文化博大精深。不论是古代还是现代，茶文化都是贴近民生、贴近社会、贴近生活、贴近文化艺术的产物。从古到今，茶与人们的日常生活都密不可分，中国地大物博，民族众多，饮茶风格各不相同，历史文化、地理环境、民族风情对茶文化的影响使饮茶内容更加丰富多彩。当代茶圣吴觉农先生对茶道的阐释是："把茶视为珍贵、高尚的饮料，饮茶是一种精神上的享受，是一种艺术，或是一种修身养性的手段。"

科学和正确饮茶，一般要根据饮茶人的年龄、性别、体质、工作性质、生活环境以及所处季节加以选择。不同人的体质、生理状况和生活习惯有所差别，饮茶后的感受和生理反应也相去甚远。

一、不同茶类的茶性

茶有红、绿、黑、白、青（乌龙茶）、黄六大基本茶类和再加工茶类。一片鲜叶能演变成不同的茶类，从茶内质上看，是茶多酚氧化程度的不同，即发酵程度不同。从六大茶类的茶性上看，绿茶、黄茶、白茶的茶性属于寒性，中发酵的乌龙茶茶性相对平和，发酵较重的乌龙茶、红茶和黑茶茶性较为温和，可见茶性和茶多酚的氧化程度关系密切，即氧化程度越高，茶性越温和；反之，越趋于寒凉。

二、根据人的不同体质饮茶

人的体质有寒热之别，茶的性味也有温凉之差，按照中医的阴阳调和理论，体质热燥的人应该多喝凉性的茶，如绿茶、白茶、年份短的生普洱、陈年铁观音等；体质寒凉的人应该多喝温性的茶，如红茶、熟普洱、重发酵乌龙茶、焙火乌龙茶等。

三、根据季节变化饮茶

春饮花茶理郁气，夏饮绿茶祛暑湿，秋品乌龙解燥热，冬饮红茶暖脾胃。

1. 春天人容易犯困，容易因为春雨绵绵而心情郁结，所以需要喝一些香气高扬的茶，如前一年秋天的铁观音、凤凰单丛等重香的乌龙茶，或者茉莉花茶、玳玳花茶等，这些茶花香馥郁，可理气、解郁、驱春困。

2. 最适合喝绿茶的季节是夏天，绿茶清凉解毒，下火祛暑，如果加一些菊花或者金银花，更是锦上添花。还可以加一点枸杞，使茶色缤纷，茶性温和。夏天还可以喝白茶、黄茶、苦丁茶、陈年铁观音、生普洱等。夏天喝热茶，出汗带走身体的热量，能起到降低体温的作用。也可以事先准备一些冷开水进行冷泡，还可以在冷泡茶中加入柠檬、蜂蜜等。

3. 秋天天气转凉，天气渐燥，适合品饮乌龙茶，如清香型乌龙茶等。乌龙茶内质馥郁，茶性平和，可缓解秋燥，益肺润喉。

4. 冬天适合品饮熟普洱、红茶、重发酵乌龙茶（如大红袍、肉桂、东方美人茶、浓香型铁观音等），这些茶味甘性温，能怡养脾胃。

四、根据不同时间饮茶

1. 对于一天当中的喝茶时间，一般饭前和饭后一小时内不饮茶，临睡前不饮茶，但也不能一概而论。

2. 进餐一小时后饮茶，可以促进脂肪燃烧，消除肚子饱胀感，去除有害物质。

3. 有口臭和爱吃辛辣食品的人，若与人交谈之前喝一杯茶，可以消除口臭和异味。

4. 嗜烟的人，在抽烟时适当喝些茶，可以减轻尼古丁对人体的毒害。

5. 长时间看电视或在电脑前工作时，喝些茶能够改善眼干、眼涩，缓解辐射对人体的危害。

6. 脑力劳动者工作时饮茶，可提神益思，提高工作效率。体力劳动者休息时喝杯茶，可消除疲劳，增强机体活力，提高工作效率。

7. 白天一杯茶，可以提神醒脑，帮助人们更好地投入工作。

五、适宜的饮茶方式

饮茶时应遵循淡饮热饮、即泡即饮、适量饮的原则。

1. 喝茶并不是"多多益善"，而须适量。饮茶过量，尤其是过度饮浓茶，对健康非常不利。因为茶中的生物碱会使中枢神经过于兴奋，致使心跳加快，增加心、肾负担，夜晚饮茶还会影响睡眠。高浓度的咖啡因和多酚类等物质会对肠胃产生刺激，抑制胃液分泌，影响消化功能。

2. 喝茶时，茶水的温度要接近肠胃的温度。茶水太烫不但会烫伤口腔、咽喉及食道黏膜，长期高温刺激还会导致口腔和食道肿瘤；茶水太冷则容易伤脾胃而诱发肠胃病。所以，宜饮温茶和热茶，不喝烫茶和冰茶。

3. 长时间高温浸泡的茶（如大于 8 h）或者隔夜茶不宜饮用，因为长时间浸泡会使茶叶口感不佳，茶多酚氧化，维生素 C 流失，保健功效降低。另外，夏天由于气温高，长时间浸泡的茶叶容易滋生细菌。

4. 根据人体对茶叶中功效成分和营养成分的合理需求，并考虑人体对水分的需求，成年人每日饮茶量以泡饮干茶 5~15 g，泡茶用水总量控制在 1 500 mL 以内为宜。若运动量大、消耗多、进食量大或是以肉类为主食的人，每天饮茶量可多些。对长期生活在缺少蔬菜、瓜果的海岛、高山、边疆等地区的人，饮茶量也可多一些，这样可以弥补维生素等的摄入不足。

六、不宜饮茶的情况

1. 发烧时不宜饮茶

茶叶生物碱具有兴奋中枢神经、增强血液循环及促进心跳加快的作用。发烧时饮茶，会使患者的体温升高，导致病情进一步加重。另外，茶水中的茶多酚有收敛作用，会影响机体排汗，妨碍人体正常散热，导致难以及时降低体温，影响病体的恢复。因此，发烧时不宜饮茶，应多喝一些温开水。

2. 醉酒慎饮茶

醉酒后不能饮浓茶，因为喝浓茶会加重心脏负担，咖啡因还有利尿作用，会使酒精代谢产物中有毒的醛尚未分解就从肾脏排出，对肾脏有较大的刺激性，从而危害人体健康。如果需要饮茶解酒，可饮一点淡茶，减少咖啡因的摄入，同时保证茶多酚的摄入，茶多酚具有护肝、清除自由基的作用。

七、不宜饮茶的人群

1. 一些疾病患者或处在特殊生理期的人不适合饮茶。
2. 脾胃虚寒者不要饮浓茶，尤其是绿茶。
3. 缺铁性贫血患者不宜饮茶。活动性胃溃疡、十二指肠溃疡患者不宜饮茶，尤其不要空腹饮茶。

4. 习惯性便秘患者也不宜多饮茶，但可以喝淡茶，饮茶时宜以粗茶（茶多酚含量少、纤维素含量高）为主。

5. 对于处于经期、孕期、哺乳期的妇女，由于茶叶刺激较大，最好少量饮茶或只饮淡茶。

6. 幼儿等特殊人群最好不饮茶或饮少量淡茶。

八、饮茶与服用药物的关系

从中医的角度看，茶本身可看作一味中药，它所含的黄嘌呤类、多酚类、茶氨酸等成分，都具有药理功能，可能会与体内同时存在的其他药物或元素发生各种化学反应，影响药物疗效，甚至产生毒副作用。在服用药物时，应视情况禁茶或避开饮茶时间。

1. 服用含有金属离子的药物，应禁茶。

2. 服用抗生素类、抗菌类药物时，不宜饮茶。

3. 服用胃蛋白酶片、胃蛋白酶合剂、多酶片、胰酶片等消化酶类药物时，不宜用茶水送服。

4. 服用解热镇痛药时，避免用茶水送服。

5. 服用制酸药，应忌茶。在服用西咪替丁治疗胃溃疡时，也不能饮茶。

6. 服用抗痛风药，应少饮茶。

7. 服用镇静安神类药物，不可饮茶。

8. 服用单胺氧化酶抑制剂，不宜大量饮茶。

培 训 建 议

一、培训目标

通过培训，学员可以在茶企、茶店、茶馆等茶艺岗位从事茶艺工作。

1. 理论知识培训目标

（1）了解六大茶类及茶叶储存的基本知识。

（2）了解茶艺人员应具备的职业道德和岗位职责。

（3）熟悉茶艺基础知识。

（4）掌握各种茶具的名称及用途。

（5）掌握各茶类的冲泡方法及要点。

（6）掌握科学饮茶方法。

2. 操作技能培训目标

（1）掌握各种茶具的握持手法及温杯、烫杯的基本方法。

（2）掌握茶艺师的服务接待礼仪。

（3）掌握六大茶类的茶具选配、投茶量、冲泡水温、冲泡时间。

（4）掌握六大茶类、花茶、花草茶及袋泡茶冲泡技艺，茶饮调配及煮茶，点茶技艺。

二、培训课时安排

总课时：120课时。

理论知识课时：42课时。

操作技能课时：78课时。

具体培训课时分配见下表。

培训课时分配表

培训内容	理论知识课时	操作技能课时	总课时	培训建议
第1单元　茶叶基础知识	9	5	14	重点：六大茶类的划分及基本品质特征、主要名茶，不同民族的饮茶习俗，茶叶保存方法 难点：六大茶类的划分及品质特征 建议：学习过程中提供六大茶类的茶样让学员现场观察，若能开汤审评则效果更好
模块1　各大茶类简介	6	4	10	
模块2　饮茶历史及饮茶习俗	2	0	2	
模块3　茶叶鉴别与保存方法	1	1	2	
第2单元　茶艺基础知识	9	9	18	重点：茶艺师的岗位职责、基本服务礼仪，泡茶环境及水质的选择，器具的使用 难点：不同器具的握持要求 建议：茶叶器具种类繁多，建议提供实物进行现场讲解与示范，提醒学员择水的要求
模块1　茶艺师岗位职责	2	0	2	
模块2　茶艺接待服务流程	2	1	3	
模块3　茶艺师服务礼仪	1	2	3	
模块4　品茗环境及用水选择	2	0	2	
模块5　常用器具及使用方法	2	6	8	
第3单元　六大茶类冲泡技艺	7	28	35	重点：六大茶类冲泡程序，投茶量、水温、时间，茶具配备 难点：乌龙茶盖碗、紫砂壶冲泡，适时倒出茶汤 建议：讲授与示范相结合，指导学员训练过程
模块1　乌龙茶冲泡技艺	2	12	14	
模块2　绿茶冲泡技艺	1	3	4	
模块3　红茶冲泡技艺	1	5	6	
模块4　白茶冲泡技艺	1	2	3	
模块5　黄茶冲泡技艺	1	2	3	
模块6　黑茶冲泡技艺	1	4	5	

续表

培训内容	理论知识课时	操作技能课时	总课时	培训建议
第4单元 花茶、花草茶及袋泡茶冲泡技艺	3	7	10	重点：不同花草茶的冲泡技艺及欣赏艺术 难点：花草茶的选配及保健功效 建议：根据客人的体质选择花草茶进行冲泡，不要盲目选择、过量投放
模块1 花茶冲泡技艺	1	4	5	
模块2 花草茶冲泡技艺	1	2	3	
模块3 袋泡茶冲泡技艺	1	1	2	
第5单元 茶饮调配及煮茶	10	21	31	重点：茶饮调配技艺和煮茶技巧 难点：调配一杯可口美味的茶饮，调和茶的原料搭配原则 建议：提醒学员控制好调配比例
模块1 茶饮料及其分类	1	0	1	
模块2 茶饮调配器具与食材	2	5	7	
模块3 茶饮调配原则与方法	5	10	15	
模块4 新中式茶饮	2	6	8	
第6单元 点茶技艺	2	8	10	重点：点茶技艺 难点：调膏技术 建议：提醒学员掌握注水及击拂的技巧
第7单元 科学饮茶	2	0	2	重点：掌握科学饮茶方法 难点：指导不同体质的人群科学饮茶 建议：提醒学员掌握不同茶类的茶性，正确指导客人科学饮茶
合计	42	78	120	